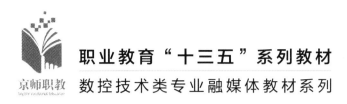

职业教育"十三五"系列教材

数控技术类专业融媒体教材系列

U0102339

|XIXIAO JIAGONG JISHU YU JINENG|

铣削加工技术与技能

伊水涌 编著

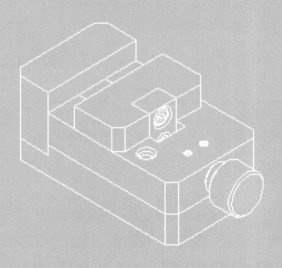

北京师范大学出版集团
BEIJING NORMAL UNIVERSITY PUBLISHING GROUP
北京师范大学出版社

图书在版编目(CIP)数据

铣削加工技术与技能 / 伊水涌编著. —北京：北京师范大学出版社，2019.1

（职业教育十三五系列教材）

ISBN 978-7-303-23303-8

Ⅰ．①铣⋯　Ⅱ．①伊⋯　Ⅲ．①数控机床－铣削－中等专业学校－教材　Ⅳ．①TG547

中国版本图书馆 CIP 数据核字(2018)第 003114 号

营 销 中 心 电 话　　010-58802181　58805532
北师大出版社职业教育分社网　http://zjfs.bnup.com
电 子 信 箱　　zhijiao@bnupg.com

出版发行：北京师范大学出版社　www.bnup.com
　　　　　北京市海淀区新街口外大街 19 号
　　　　　邮政编码：100875
印　　刷：北京玺诚印务有限公司
经　　销：全国新华书店
开　　本：787 mm×1092 mm　1/16
印　　张：13.5
字　　数：294 千字
版　　次：2019 年 1 月第 1 版
印　　次：2019 年 1 月第 1 次印刷
定　　价：32.00 元

策划编辑：庞海龙　　　　　责任编辑：马力敏
美术编辑：高　霞　　　　　装帧设计：高　霞
责任校对：陈　民　　　　　责任印制：陈　涛

为方便广大师生进行融媒体课程学习，我社开发了"京师 E 课"数字资源学习平台，提供在线课程、教学资源、学习资源等服务。本书包含教学课件、教案、试题以及部分微课等数字资源，以下为资源获取方式。

1. 访问京师 E 课 🐢 http：//zj. bnuic. com/mooc/→注册用户。

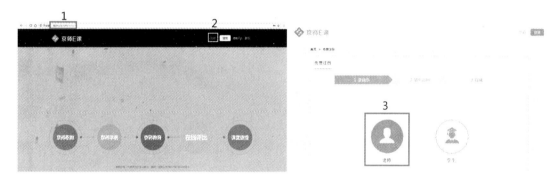

2. 进入"京师职教"→在右上方下拉菜单中进入"我的工作台"→点击"融媒体课程"。

3. 点击"添加课程"→输入课程秘钥"ecrfTdap",关联课程成功后,进入"铣削加工技术与技能",点击"查看资源"即可观看并下载相关资源。

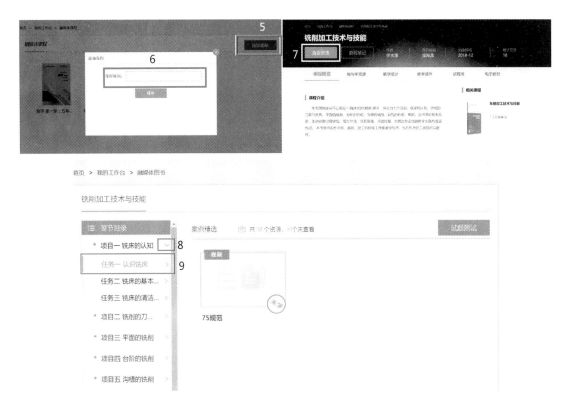

4. 如在使用教材过程中发现相关问题,请发送邮件至 hailong _ pang@163.com,以便再版时完善。

更多配套资源陆续会在平台更新与上传,敬请期待!

序 一

当前，在工业4.0国家战略指导下，德国在工业制造上的全球领军地位进一步得到夯实，而"双元制"职业教育是造就了德国战后经济腾飞的秘密武器。通过不断互相借鉴学习，中德两国在产业、教育等方面的合作已步入深水区，两国职业教育更需要不断积累素材、分享经验。本系列教材的出版基本实现了这一目标，它在保持原汁原味的德国教学特色上，结合中国实际情况进行了创新、层次清晰、中心突出、案例丰富、内容实用、方便教学，有力展示了德国职业教育的精华。

本书编者辗转于德累斯顿工业大学、德累斯顿职业技术学校和德累斯顿HWK培训中心、IHK培训中心，系统地接受了我方老师和专业培训师的指导，并亲身实践了整个学习领域的教学过程，对我们的教学模式有着深入的了解，积累了丰富的实际教学经验。

因此，本系列教材将满足中国读者对于德国"双元制"教学模式实际操作过程的好奇心，对有志了解德国职业教育教学模式的工科类学生、教师和探索多工种联合作业的人士最为适用。

法兰克·苏塔纳

2017年8月7日

序 二

课程始终是人才培养的核心，是学校的核心竞争力。而课程开发则是教师的基本功。课程开发的关键，并非内容，而是结构。从存储知识的结构——学科知识系统化，走向应用知识的结构——工作过程系统化，是近几年来课程开发的一个重大突破。

当前，应用型、职业型院校，对工作过程系统化的课程开发给予了高度重视。

伊水涌老师长期从事数控技术应用课程及教学改革研究，对基于知识应用型的课程不仅充分关注，而且付诸实践。伊老师多次赴德学习"双元制"职业教育的教育思想和教学方法，并负责中德合作办学项目，教学经验丰富，教学效果显著。近年来，由他领衔的团队在课程改革中，立足于应用型知识结构的搭建，并在此基础上开发了本套系列教材。

这套系列教材关于课程体系的构建所遵循的基本思路是，先确定职场或应用领域里的典型工作任务（整体内容），再对典型工作任务归纳出行动领域（工作领域），最后将行动领域转换为由多个学习领域建立课程体系。

对每门课程来说，所开发的相应的教材，也遵循了工作过程系统化课程开发的三个步骤：第一，确定该课程所对应的典型工作过程，梳理并列出这一工作过程的具体步骤；第二，选择一个参照系对这一客观存在的典型工作过程进行教学化处理；第三，根据参照系确定三个以上的具体工作过程并进行比较，并按照平行、递进和包容的原则设计学习单元（学习情境）。

还需要指出，在系统化搭建应用性知识结构的同时，编辑团队还非常注意对抽象教学内容进行具象化处理，精心设计了大量内容载体，使其隐含解构后的学科知识。结合数控技术的应用，这些具体化的"载体"贯穿内容始终，由单一零件加工到整体装配全过程，培养了学生"制造产品"的理念，达到了职业教育课程内容追求工作过程完整性的这一要求。

本系列教材的出版，是德国学习领域课程中国化的有效实践。相信通过实际应用，本教材会进一步完善，并会对其他专业的课程开发产生一定的影响，从而带领国内更多同仁相互交流和认真切磋，达到学以致用的目的。

2017 年 8 月 5 日

为服务"中国制造2025"战略，适应我国社会经济发展对高素质、高技能劳动者的需求，强化职业教育特色，引进吸收德国"双元制"先进教学理念和优质教育资源，经过几年的中德职业教育实践，结合国内职业教育实际情况，我们依据德国IHK、HWK鉴定标准和数控技术应用专业的岗位职业要求，组织编写了本系列教材。

本系列教材具有三点创新之处：首先，从单一工种入门到综合技能实训，从传统加工入手到数控技术应用，教材中呈现了由单一零件加工到完成整体装配，实现功能运动的生产全过程，瞄准了职业教育强化工作过程的系统性改革方向；其次，系列教材之间既相互联系又相对独立，可与国内现有课程体系有效衔接，体现了实际应用的教学目标导向；最后，每本教材都引入"学习情境"并贯穿全书，力求突出实用性和可操作性，使抽象的教学内容具象化，满足了实际教学的要求。具体课时安排见下表。

序号	教材名称	建议课时	安排学期	备注
1	数控应用数学	60	第1学期	
2	钳工技术与技能	80	第1学期	建议搭班进行小班化教学
3	焊工技术与技能	80	第1学期	
4	车削加工技术与技能	240	第2学期	建议搭班进行小班化教学
5	铣削加工技术与技能	240	第2学期	
6	AutoCAD机械制图	80	第3学期	
7	机械加工综合实训	240	第3学期	车铣钳复合实训
8	数控车床加工技术与技能	120	第4学期	建议搭班进行小班化教学
9	数控铣床加工技术与技能	120	第4学期	
10	数控综合加工技术	240	第5学期	含有自动编程内容
	合计	1500		

《铣削加工技术与技能》一书，围绕迷你平口钳这一具体化的"载体"展开，共分为七个项目：铣床的认知、铣削的刀具与夹具、平面的铣削、台阶的铣削、沟槽的铣削、斜面的铣削、装配。全书理论联系实际，实训步骤过程详细、图文并茂、浅显易懂、可读性强，对其他专业技能教学也具有借鉴作用。本书既可用作中职、高职、技工院校铣工技能教学用书，也可作为铣工岗位培训教材。

本书具有如下特点。

1. 坚持理论知识"必需、够用"。技能实训内容紧紧以"载体"为主线的原则，注重前、后课程的有效衔接。

2. 注重建构学习者未来职业岗位群所需的能力，包括专业能力、方法能力和社会能力。

3. 科学制定教学效果评价体系。任务评价的分值采用每个检测内容为 10 分制，并分主观和客观两个部分。主观部分根据实际情况分为 10 分、9 分、7 分、5 分、3 分、0 分六档；客观部分根据检测情况分 10 分、0 分两档，引入了产品只有合格品和废品的概念，提高质量意识。同时，按照客观部分占 85%、主观部分占 15%核算得分率，评定等级。

4. 以信息化教学促进学习效率的提高。可通过扫描二维码查看相关教学资源，在线自主学习相关技能操作，以突破教学难点。

本书由伊水涌编著，路平、王晓升、姚兴禄、李建一、殷丽娟、虞春杰参与编写工作。全书由伊水涌统稿，徐新华主审。

本书在编写过程中，得到了同行及有关专家的热情帮助、指导和鼓励，在此一并表示由衷的感谢。

由于编者水平有限，书中难免有不足之处，望广大读者不吝赐教，以利提高。

编　者

目 录

001　　　绪　论

004　　　项目一　铣床的认知

　　　　　任务一　认识铣床　　　　　　　　004

　　　　　任务二　铣床的基本操作　　　　　015

　　　　　任务三　铣床的清洁和保养　　　　021

026　　　项目二　铣削的刀具与夹具

　　　　　任务一　常用铣削刀具　　　　　　026

　　　　　任务二　铣刀的安装　　　　　　　031

　　　　　任务三　工件的安装　　　　　　　036

　　　　　任务四　常用的孔加工刀具　　　　042

049　　　项目三　平面的铣削

　　　　　任务一　平面、连接面的铣削　　　049

　　　　　任务二　平行垫块的铣削　　　　　063

　　　　　任务三　平口钳零件外形的铣削　　072

080　　**项目四　台阶的铣削**

任务一　阶梯凸台的铣削　　080

任务二　T形螺母的铣削　　088

任务三　平口钳零件台阶的铣削　　097

107　　**项目五　沟槽的铣削**

任务一　十字沟槽的铣削　　107

任务二　平面键槽的铣削　　115

任务三　平口钳零件沟槽的铣削　　122

136　　**项目六　斜面的铣削**

任务一　斜面工件的铣削　　136

任务二　平行压板的铣削　　144

任务三　平口钳零件斜面的铣削　　151

161　　**项目七　装　配**

任务一　销连接件的装配　　161

任务二　螺纹连接件的装配　　166

172　　**附　录**

附录1　机械加工工艺卡、工序卡　　172

附录2　铣工技能抽测模拟题　　174

附录3　铣工中级技能考核模拟题　　189

204　　**主要参考文献**

绪　论

一、　铣削在机械制造业中的地位

在科学技术迅速发展的今天，新技术、新工艺不断涌现，但金属切削加工在机械制造业中仍占有极其重要的地位。在实际生产中，绝大多数的机械零件需要通过切削加工来达到规定的尺寸、形状和位置精度，以满足产品的性能和使用要求。在车、铣、镗、刨、磨、钳等诸多切削加工中，铣削加工是一种应用极为广泛的切削加工方法。

二、　铣削的基本内容

铣削是以铣刀的旋转运动为主运动，以铣刀或工件的移动为进给运动的一种切削加工方法。在铣床上使用各种不同的铣刀可以加工平面(平行面、垂直面、斜面)、台阶、沟槽(直角沟槽和 V 形槽、T 形槽、燕尾槽等特形槽)、特形面和切断材料等。若配合分度装置的使用，还可加工需周向等分的花键、齿轮、牙嵌式离合器、螺旋槽等。此外，在铣床上还可以进行钻孔、铰孔和镗孔等工作。铣削的基本内容见表 0-0-1。

表 0-0-1　铣削加工的基本内容

铣削内容	图示	铣削内容	图示
铣平面	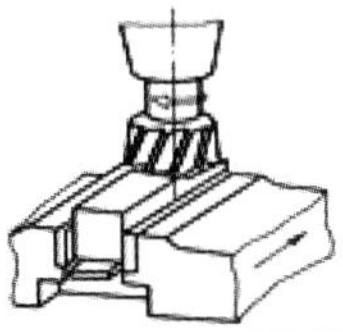	铣台阶	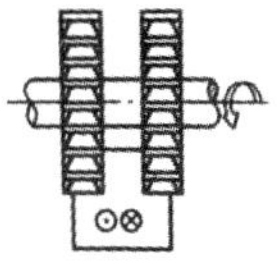
切断	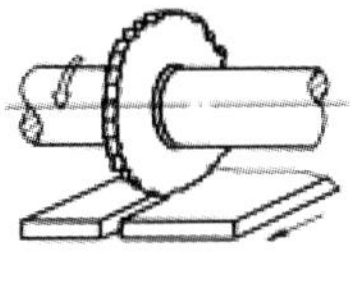	铣轮廓	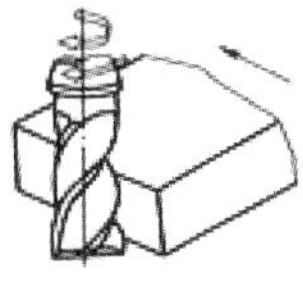

续表

铣削内容	图示	铣削内容	图示
铣直角沟槽	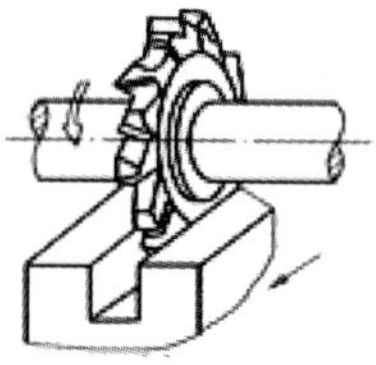	铣 T 形槽	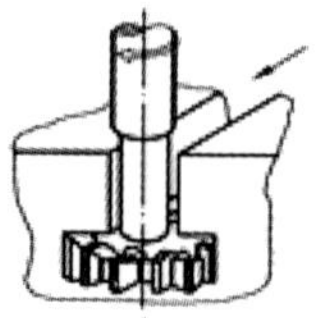
铣 V 形槽	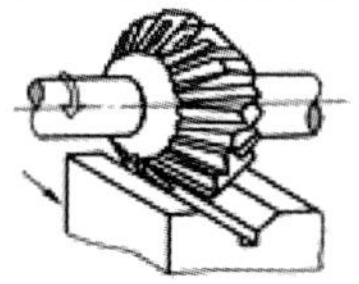	铣燕尾槽	
铣螺旋槽	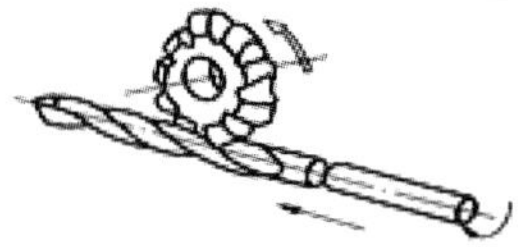	铣成形面	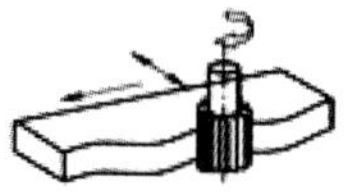

三、 铣削的特点

(1)铣削采用多刃刀具加工，刀刃轮流切削，刀具冷却效果好，耐用度高。

(2)铣削加工生产效率高、加工范围广。

(3)铣削具有较高的加工精度，其经济加工精度一般为IT9～IT7，表面粗糙度值 Ra 一般为 $1.6～12.5~\mu m$。精细铣削精度可达 IT5，表面粗糙度值 Ra 可达 $0.20~\mu m$。

四、 学习内容与方法

本课是在《钳工技术与技能》《焊工技术与技能》学习完成后开设的一门实训课，同样遵循理论与实际相结合的学习方法，突出了技能训练的实用性、规范性与整体性。在每个任务中均安排了与"学习活动"紧密联系的"实践活动"，这种理论与实际完全同步紧密结合的教学方式，有利于学生用理论指导实践，并通过实践加深对理论的理解和掌握，对培养学生就业的岗位能力都有非常积极的作用。

本书围绕迷你平口钳(图 0-0-1、图 0-0-2)这一具体化的"载体"展开。本课程的学习采用由单一零件加工到最后的实现整体装配成型这一生产全过程，培养学生工作过程的全局观念，同时达到以下具体要求。

(1)了解常用铣床的结构、性能，掌握常用铣床的调整方法。

（2）了解铣工常用工具和量具的结构，熟练掌握其使用方法。掌握常用刀具的选用方法，能合理地选择切削用量和切削液。

（3）能合理地选择工件的定位基准，掌握中等复杂工件的装夹方法，掌握常用铣床夹具的结构原理。能独立制定中等复杂工件的铣削工艺，并能根据实际情况采用先进工艺。

（4）能对工件进行质量分析，并提出预防质量问题的措施。

（5）掌握安全生产知识，做到文明生产。

（6）了解本专业的新工艺、新技术以及提高产品质量和劳动生产率的方法。能查阅与铣工专业有关的技术资料。

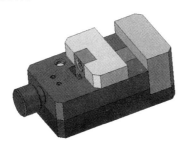

图 0-0-1　迷你平口钳 3D 图

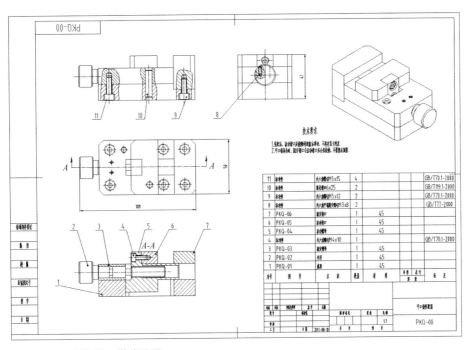

图 0-0-2　迷你平口钳装配图

项目一

铣床的认知

➜ 项目导航

本项目主要介绍铣床的类型及编号、X5032 和 X6132 型铣床结构、铣床的基本操作、零件的装夹与找正方法、铣床的润滑与维护保养以及安全文明生产要求。

➜ 学习要点

1. 了解铣床的类型、结构、性能。

2. 掌握铣床的基本操作。

3. 掌握安全文明生产的基本内容。

4. 掌握零件的装夹方法。

5. 掌握铣床的润滑与维护保养方法。

任务一　认识铣床

➜ 任务目标

1. 了解铣床的种类和编号。

2. 掌握 X6132 和 X5032 型铣床的结构。

3. 学会"两穿两戴"和工、量、刃具的整理，贯彻安全文明生产理念。

→ **学习活动** ————————————————————————————●

一、 铣床知识介绍

(一)铣床的类型及特点

铣床是以铣刀旋转作为主运动，以工件或铣刀做进给运动的一种金属切削机床。为适应不同类型零件的加工特点，铣床的种类很多，常见的铣床有以下几种。

1.X6132 型卧式万能升降台铣床

X6132 型卧式万能升降台铣床的主轴轴线与工作台台面平行，如图 1-1-1 所示。它功率大，转速高，变速范围宽，刚性好，操作方便、灵活，工作台可以在水平面±45°偏转，通用性强。它可以安装万能立铣头，使铣刀偏转任意角度，完成立式铣床的工作。该铣床加工范围广，能加工中小型平面、特形表面、各种沟槽、齿轮、螺旋槽和小型箱体上的孔等。

图 1-1-1　X6132 型卧式万能升降台铣床　　图 1-1-2　X5032 型立式升降台铣床

2.X5032 型立式升降台铣床

X5032 型立式升降台铣床(图 1-1-2)的特点与 X6132 型铣床基本相同。主要的不同有以下两点。

(1)X5032 型铣床的主轴轴线与工作台台面垂直，主轴安装在可以偏转±45°的铣头壳体内。

(2)X5032 型铣床的工作台与横向溜板连接处没有回转盘，所以工作台在水平面内不能扳转角度。

3. X8126 型万能工具铣床

X8126 型万能工具铣床的外形，如图 1-1-3 所示。X8126 型万能工具铣床的加工范围很广，它具有水平主轴和垂直主轴，故能完成卧铣和立铣的铣削工作内容。此外，它还具有万能角度工作台、圆形工作台、水平工作台以及分度机构等装置，再加上平口钳和分度头等常用附件，因此用途广泛。该机床特别适合加工各种夹具、刀具、工具、模具和小型复杂工件。

 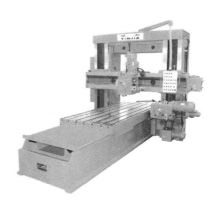

图 1-1-3　X8126 型万能工具铣床　　　图 1-1-4　X2010 型龙门铣床(三轴龙门铣床)

4. X2010 型龙门铣床

X2010 型龙门铣床具有框架式结构，刚性好。该铣床有三轴和四轴两种布局形式。三轴龙门铣床的外形，如图 1-1-4 所示。龙门铣床垂直主轴能在±30°范围内按需要偏转，水平主轴的偏转角度范围为−15°～30°，以满足不同铣削要求，横向和垂向的进给运动由主轴箱和主轴或横梁完成，工作台只能做纵向进给运动。龙门铣床刚性好，适宜进行高速铣削和强力铣削，工作台直接安放在床身上，载重量大，可加工重型工件。

5. HT4 型炮塔铣床

HT4 型炮塔铣床，也称摇臂铣床，如图 1-1-5 所示。该铣床结构紧凑、体积小、灵活性高，铣头能左右回转 90°，前后回转 45°，摇臂不仅能前后伸缩，并可在水平面内做 360°回转，大大提高了机床的有效工作范围。可实现钻孔、攻丝、镗孔、立铣等加工，可加工平面、斜面、沟槽、成形面以及花键、齿轮等，特别适用于工具、模具的加工制造。

6. ZX7025 型钻铣床

ZX7025 型钻铣床，如图 1-1-6 所示。该铣床可实现钻孔、攻丝、立铣等加工，可加工平面、斜面、沟槽、成形面以及花键、齿轮等，特别适用于工具、模具的加工制造。

图 1-1-5　HT4 型炮塔铣床　　　　　图 1-1-6　ZX7025 型钻铣床

(二)常用铣床的型号示例

铣床型号中的字母与数字的含义如下。

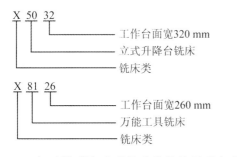
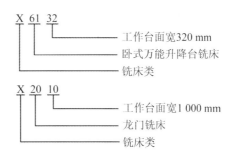

(三)卧式和立式铣床的结构及其各部分的功能

1. X6132 型卧式铣床

X6132 型卧式铣床的各组成部分如图 1-1-7 所示。各部分的作用见表 1-1-1。

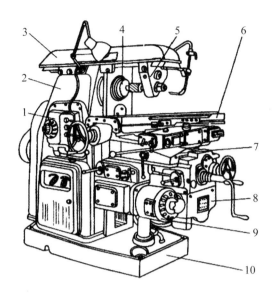

图 1-1-7 X6132 型卧式铣床

1—主轴变速箱；2—床身；3—悬梁；4—主轴；5—挂架；6—工作台；

7—横向溜板；8—升降台；9—进给变速机构；10—底座

表 1-1-1 X6132 型卧式铣床的各组成部分及其作用

序号	名称	主要作用
1	主轴变速箱	通过变速机构实现铣床主轴转速 30～1 500 r/min 的 18 级变速
2	床身	床身是铣床的主体，铣床上大部分的部件都安装在床身上。床身的前壁有燕尾形的垂直导轨，升降台可沿导轨上下移动；床身的顶部有水平导轨，悬梁可在导轨上面水平移动；床身的内部装有主轴、主轴变速机构、润滑油泵等
3	悬梁	悬梁的一端装有支架，支架上面有与主轴同轴线的支承孔，用来支承铣刀轴的外端，以增强铣刀轴的刚性。悬梁向外伸出的长度可以根据刀轴的长度进行调节
4	主轴	主轴是一根空心轴，前端有锥度为 7∶24 的圆锥孔，铣刀刀轴一端就安装在锥孔中。主轴前端面有两键槽，通过键连接传递转矩，主轴通过铣刀轴带动铣刀作同步旋转运动
5	挂架	安装在悬梁上用以支撑刀杆的外端，增加刀杆的刚性

续表

序号	名称	主要作用
6	工作台	上面有 T 形槽，用以安装铣床夹具或工件并带动工件实现纵向进给运动
7	横向溜板	实现工作台横向进给运动
8	升降台	装在床身正面的垂直导轨上，用来支撑工作台，并带动工作台上下移动。升降台中下部有丝杆与底座螺母连接；铣床进给系统中的电动机和变速机构等就安装在其内部
9	进给变速机构	装在升降台内部，它将进给电动机的固定转速通过其齿轮变速机构，变换成 18 级不同的转速，使工作台获得不同的进给速度，以满足不同的铣削需要
10	底座	底座是整部机床的支承部件，具有足够的强度和刚度。底座的内腔盛装切削液，供切削时冷却润滑

2. X5032 型立式铣床

X5032 型立式铣床的各组成部分如图 1-1-8 所示。各部分的作用见表 1-1-2。

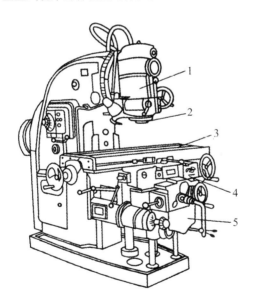

图 1-1-8　X5032 型立式铣床

1—立铣头；2—主轴；3—纵向工作台；4—横向滑座；5—升降台

表 1-1-2　X5032 型立式铣床的各组成部分及其作用

序号	名称	主要作用
1	立铣头	支承主轴部件，将动力和运动传递给主轴，使主轴带动刀具旋转得到主运动
2	主轴	通过莫氏锥度实现刀具定位，通过螺纹连接固定刀具，带动刀具旋转
3	纵向工作台	用来安装工件或夹具，并带动工件作纵向进给运动。工作台上面有三条 T 形槽，用来安放 T 形螺钉以固定夹具和工件。工作台前侧面有一条 T 形槽，用来固定自动挡铁，控制铣削长度
4	横向滑座	实现工作台横向进给
5	升降台	实现工作台的垂直方向进给

二、 安全规则与文明生产

坚持安全文明生产是保障生产人员和设备的安全，防止工伤和设备事故的根本保证，同时也是工厂科学管理的一项十分重要的手段。它直接影响到人身安全、产品质量和生产效率的提高，影响设备和工、夹、量具的使用寿命和操作工人技术水平的正常发挥。安全文明生产的一些具体要求，是在长期生产活动中的实践经验和血的教训的总结，要求操作者在学习操作技能的同时，必须培养自己的安全文明生产习惯。

1. 安全生产规则

操作时必须提高执行纪律的自觉性，遵守规章制度，并严格遵守安全技术要求。具体要求见表 1-1-3。

表 1-1-3　安全生产规则

项目	内容	图示说明
穿戴	"两穿两戴"符合要求，即穿工作服、工作鞋、戴工作帽、工作镜。要求两袖口扎紧、下摆紧，长发必须塞入工作帽内，并经常保持整洁 夏季禁止穿裙子、短裤和凉鞋上机操作	

续表

项目	内容	图示说明
姿势	操作时必须精力集中，手和身体不能靠近正在或有运动趋势的部位（如工件、工作台、刀具、手柄等），切不可倚靠在铣床上操作，也不可戴手套操作，机床开动时不得离开机床，不得在车间内奔跑或喊叫	
装夹	刀具、平口钳、工件装夹牢固，否则会飞出伤人；装夹好工件后，平口钳及刀具扳手必须随即取下，放置在规定位置	
触摸	不能用手去触摸仍在旋转的刀具；不准测量刀具正在旋转的工件表面	
清洁	应用毛刷清理切屑，绝不准用手直接清理，也不准用游标卡尺等量具代替铁屑钩清理	
停机	凡装卸工件、更换刀具、测量加工表面及变换转速前必须先停止主轴旋转；工作结束后关掉机床总电源；不能随意装拆机械设备和电气设备；遇故障应停机并及时报告	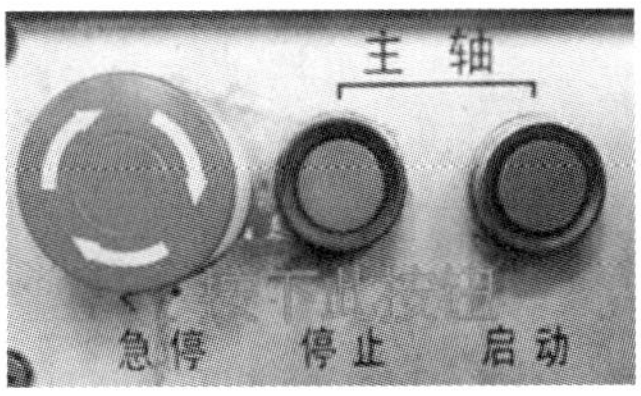

2. 文明生产规则

文明生产规则具体要求见表 1-1-4。

表 1-1-4 文明生产规则

项目	内容	图示说明
"三看一听"	一看：防护设施是否完好； 二看：手柄位置是否摆放正确； 三看：润滑部位是否达到润滑要求； 一听：铣床空运转是否正常； 要求：上班前向机床各油孔注油，并使主轴低速空转 1～2 min，让润滑油散布到各润滑点	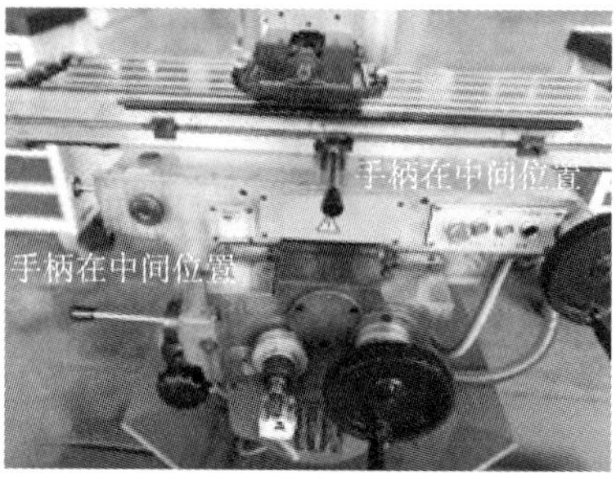 手柄位置正确  机床空运转正常
摆放	合理摆放工、夹、量、刃具，轻拿轻放，用后保持清洁上油，确保精度； 图样、工艺卡片安放位置应便于阅读，并注意保持清洁和完整； 工、量、刃具要按现代化工厂对定置管理的要求，做到分类定置和分格存放，做到重的放下面，轻的放上面，不常用的放里面，常用的放在随手取用方便处，每班工作结束应整理清点一次； 精加工零件应轻拿轻放，用工位器具存放，使加工面隔开，以防止相互磕碰而损伤表面；精加工表面完工后，应适当涂油以防锈蚀	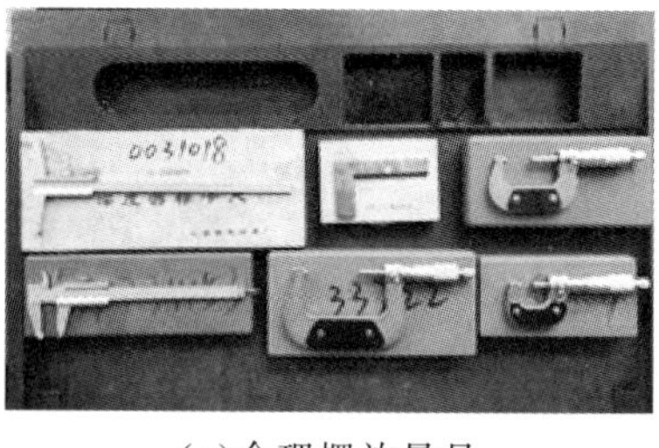 （a）合理摆放量具  （b）图纸位置便于阅读

续表

项目	内容	图示说明
清洁	工作完毕后，将所用过的物件擦净归位，清理机床、刷出切屑、擦净机床各部位的油污；按规定加注润滑油；最后把机床周围打扫干净；各手柄放到空挡位置，关闭电源	
禁忌	一台机床不允许多人同时操作，不能在工作台、床身导轨上敲击或检查工件，工作台上不准放置工具或工件	

实践活动

一、实践条件

实践条件见表 1-1-5。

表 1-1-5　实践条件

类别	名称
设备	X5032 型立式升降台铣床、X6132 型卧式万能升降台铣床
量具	各种量具若干
刀具	各种类型刀具若干
其他	工作服、工作帽、工具箱

二、实践步骤

步骤 1：安全教育，按"两穿两戴"要求，正确完成工作服、工作帽、工作鞋、工作镜的穿戴；

步骤 2：进入实训场地，按"7S"规范要求，整理工具箱；

步骤 3：按"7S"规范要求，整理工、量、刃具。

扫一扫：观看"7S"规范的学习视频。

扫一扫

三、 注意事项

(1)初学者对车间内感到好奇的物品，可能存在危险性。应做到老师没有讲的内容不要擅作主张自己去"研究"。

(2)按照各自的工位位置完成任务，不要随意串岗和走动。

(3)对于安全规则和文明生产的教育可通过观看"7S"规范的学习视频来加深印象。

(4)下车间实训之前，可以通过事先参观历届同学的实习工件和生产产品或者参观学校或工厂的设施增加了解。

→ **专业对话**

1. 谈一谈对铣工工作的认识和想法。

2. 谈一谈遵守普铣实训工场规章制度的重要意义。

→ **任务评价**

考核标准见表 1-1-6。

表 1-1-6 考核标准

序号	检测内容	检测项目	分值/分	要求	自测结果	得分/分	教师检测结果	得分/分
1	主观评分 B（安全文明生产）	正确穿工作服	10	穿戴整齐、紧扣、紧扎				
2		正确戴工作帽	10					
3		正确穿工作鞋	10					
4		正确戴工作镜	10					
5		工具箱的整理	10	分类定置和分格存放				
6		工、量、刃具的整理	10	按拿、取方便的原则，分类摆放有序				
7	主观评分 B 总分		60	主观评分 B 实际得分				
8	总体得分率			评定等级				
评分说明	1. 主观评分 B 分值为 10 分、9 分、7 分、5 分、3 分、0 分； 2. 总体得分率：（B 实际得分/B 总分）×100%； 3. 评定等级：根据总体得分率评定，具体为≥92%=1，≥81%=2，≥67%=3，≥50%=4，≥30%=5，<30%=6							

→ 拓展活动

查阅相关资料，了解机床编号的规则。

任务二　铣床的基本操作

→ 任务目标

1. 认识铣床加工的运动。

2. 掌握铣床的基本操作。

→ 学习活动

一、铣削加工运动

铣削加工是利用多刃刀具旋转切削工件，获得平面或轮廓的一种高效率的减式加工。铣刀旋转（主运动 v_c）一圈的过程中，工件移动（进给运动 v_f）使铣刀切削刃先切入工件，然后切出工件，同时施加冷却，如图 1-2-1 所示。

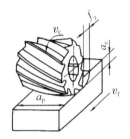

图 1-2-1　铣削运动

在切削加工中，将金属去除的运动叫作主运动，将金属层投入切削的运动叫作进给运动（也叫辅助运动）。在铣削加工中，刀具的旋转运动是主运动，铣床在横向、纵向和垂直方向的运动是进给运动。

在铣削过程中会形成三个表面，即已加工表面、待加工表面和加工表面，如图 1-2-2所示。

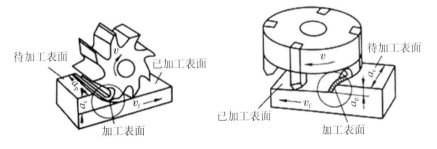

图 1-2-2　铣削形成的三个表面

二、 工作台的移动及刻度盘认识

工作台的移动及刻度盘使用技巧见表 1-2-1。

表 1-2-1　工作台的移动及刻度盘使用技巧

内容	说明	简图
工作台进给手柄的操作	操作时将手柄分别嵌合其手动进给离合器。摇动工作台任何一个进给手柄，就能带动工作台做相应的进给运动，顺时针摇动手柄，即可使工作台前进（或上升）；反之，若逆时针摇动手柄，则工作台后退（或下降） 　　在进给手柄刻度盘上刻有"1 格 = 0.05 mm"，说明进给手柄每转过 1 格，工作台移动 0.05 mm	纵向、横向手动进给手柄 垂直方向手动进给手柄
刻度盘的使用技巧	使用刻度盘时，要先确定原始读数（即"0"位）。确定原始读数先将刀具与被加工零件的加工处轻轻接触，再看手柄刻度盘哪一条刻度线与工作台上的一条固定的刻度线对准，记住以后把刀具退出，根据需要的加工量多少来旋转刻度盘达到自己选定的加工量，然后开始加工 　　使用刻度盘时，由于丝杆与螺母之间配合存在间隙，会产生刻度盘转动而工作台并没有移动（即空行程）的现象。当将刻度线转到所需要的格数而超过时，必须向相反方向退回全部空行程，然后再转到需要的格数，不可以直接退回超过的格数	（a）要求手柄转至 30，但摇过头成 40 （b）错误：直接退至 30 （c）正确：反转约一圈后再转至所需位置 30

续表

内容	说明	简图
工作台机动进给操作	铣床的工作台在各个方向的机动进给手柄都有两副，是联动的复式操纵机构，使操作更加便利。三个进给方向的安全工作范围，各由两块限位挡铁实现安全限位。若非工作需要，不得将其随意拆除，否则会发生工作超程。纵向机动进给手柄有三个位置，即"向左进给""向右进给"和"停止"。横向和垂直方向机动进给手柄有五个位置，即"向里进给""向外进给""向上进给""向下进给"和"停止"。机动进给手柄的设置使操作非常形象化。当机动进给手柄与进给方向处于垂直状态（零位）时，机动进给是停止的。当机动进给手柄处于倾斜状态时，则该方向的机动进给被接通。在主轴转动时，手柄向哪个方向倾斜，即向哪个方向进行机动进给。如果同时按下快速移动按钮，工作台即向该方向快速移动	

三、 主轴变速及进给变速操作

主轴变速及进给变速操作见表 1-2-2。

表 1-2-2　主轴变速及进给变速操作

内容	说明	简图
主轴变速操作	主轴变速箱有 30～1 500 r/min 共18 种变速。变换主轴转速时，按以下步骤进行： 　　(1)手握变速手柄球部下压，使其定位的榫块脱出固定环的槽 1 位置 　　(2)将手柄向左推出，将其定位的榫块送入到固定环的槽 2 内。手柄处于脱开的位置 I 　　(3)转动转速盘，将所选择的转速	

续表

内容	说明	简图
主轴变速操作	对准指针 （4）下压手柄，并快速推至位置Ⅲ。此时，冲动开关瞬时接通，电动机转动，带动变速齿轮转动，便于齿轮啮合。随后，手柄继续向右至位置Ⅲ，并将其榫块送入固定环的槽1位置，电动机失电，主轴箱内齿轮停止转动 由于电动机启动电流很大，最好不要频繁变速。即使需要变速，中间的间隔时间也不应少于5 min。主轴未停止转动时严禁变速	
进给变速操作	铣床上的进给变速箱有18种进给速度值（横纵向进给范围23.5～1180 mm/min；垂直向进给范围8～394 mm/min）。进给变速机构的操作非常方便，按照以下步骤进行： （1）向外拉出进给变速手柄 （2）转动进给变速手柄，带动进给速度盘转动。将进给速度盘上选择好的进给速度值对准指针位置 （3）将变速手柄推回原位，即可完成进给变速的操作	进给变速手柄 指针 进给速度盘

⊙ **实践活动**

一、实践条件

实践条件见表1-2-3。

表1-2-3 实践条件

类别	名称
设备	X5032型立式升降台铣床、X6132型卧式万能升降台铣床
工具	各种工具若干
其他	工作服、工作帽、工具箱

二、实践步骤

铣床基本操作的实践步骤见表 1-2-4。

表 1-2-4 铣床基本操作的实践步骤

序号	步骤	操作
1	实践准备	安全教育，检查"两穿两戴"
2	开关机	打开机床电源，打开主轴开关，打开冷却液开关，关闭冷却液开关，关闭主轴开关，关闭机床电源
3	手动移动工作台和升降台	摇动机床手柄，观察手柄的旋转方向与工作台移动方向的关系
4	机床主轴的变速	按照表 1-2-2 的步骤操作
5	机床的自动进给	按照表 1-2-2 的步骤进行进给变速，并扳动手柄观察机床工作台的运动方向和速度
6	操作后整理、清洁	操作完毕后，正确放置零件，整理工、量具，清洁机床工作台

扫一扫：观看铣床基本操作的学习视频。

扫一扫

专业对话

1. 使用快速进给时应当注意什么？

2. 快速进给和自动进给的应用场合分别是什么？

任务评价

考核标准见表 1-2-5。

表 1-2-5 考核标准

序号	检测内容	检测项目	分值/分	检测量具	自测结果	得分/分	教师检测结果	得分/分
1	客观评分 A（操作步骤）	手动移动工作台	10					
2		进给变速	10					
3		主轴变速	10					

续表

序号	检测内容	检测项目	分值/分	检测量具	自测结果	得分/分	教师检测结果	得分/分
4	主观评分 B（设备及工、量、刃具的维修使用）	工、量、刃具的合理使用与保养	10					
5		铣床的正确操作	10					
6		铣床的正确润滑	10					
7		铣床的正确保养	10					
8	主观评分 B（安全文明生产）	执行正确的安全操作规程	10					
9		正确"两穿两戴"	10					
10	客观评分 A 总分		30	客观评分 A 实际得分				
11	主观评分 B 总分		60	主观评分 B 实际得分				
12	总体得分率			评定等级				
评分说明	1. 评分由客观评分 A 和主观评分 B 两部分组成，其中客观评分 A 占 85%，主观评分 B 占 15%； 2. 客观评分 A 分值为 10 分、0 分，主观评分 B 分值为 10 分、9 分、7 分、5 分、3 分、0 分； 3. 总体得分率：（A 实际得分×85%＋B 实际得分×15%）/（A 总分×85%＋B 总分×15%）×100%； 4. 评定等级：根据总体得分率评定，具体为 AB≥92%＝1，AB≥81%＝2，AB≥67%＝3，AB≥50%＝4，AB≥30%＝5，AB<30%＝6							

➔ 拓展活动

判断题

1. X5032 型立式铣床的纵向、横向和垂直方向机动进给运动是由两个操纵手柄控制的，它们之间的运动是互锁的。（　　）

2. 铣削加工的范围很广泛，利用铣削可以直接加工出齿轮。（　　）

3. 安全、文明生产规则是保证零件加工的前提，但只要保证了安全就可以不按照操作规程进行加工。（　　）

4. 在铣削过程中，可以用手抚摩工件表面。（　　）

5. X5032 型铣床表示的是卧式铣床。（　　）

6. X6132 型铣床可以铣削齿轮、螺旋面、特形面。   （   ）

任务三 铣床的清洁和保养

➔ 任务目标

掌握铣床的润滑和日常维护。

➔ 学习活动

一、铣床的润滑

铣床主轴变速箱和进给变速箱内部的齿轮以及其他传动部件，其接触表面在相对运动时都存在着摩擦现象，天长日久的摩擦，就会因摩擦发热而造成磨损甚至损坏。为了减少摩擦，延长铣床的使用寿命，保持各部件的配合精度，一个最好的办法就是向摩擦部位注油进行润滑。铣床的润滑方法见表 1-3-1。

表 1-3-1 铣床的润滑方法

内容	说明	简图
X6132 型铣床的润滑	X6132 型铣床的主轴变速箱和进给变速箱采用自动润滑，机床开动后，即可在流油指示器（油标）上显示润滑情况。若油位显示缺油，应立即加油。工作台纵向丝杆和螺母、导轨面、滑鞍导轨等采用手拉油泵注油润滑。其他如工作台纵向丝杆两端轴承、垂直导轨面、刀杆支架轴承等采用油枪注油润滑	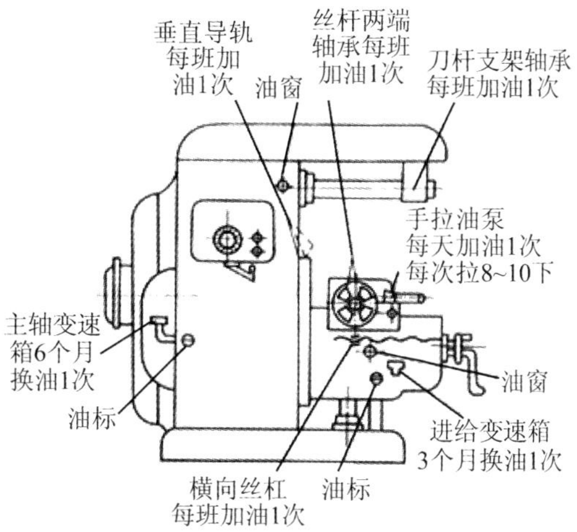

续表

内容	说明	简图
X5032型铣床的润滑	X5032型铣床的主轴变速箱和进给变速箱采用自动润滑，机床开动后，即可在流油指示器（油标）上显示润滑情况。若油位显示缺油，应立即加油。工作台纵向丝杆和螺母、导轨面、滑鞍导轨等采用手拉油泵注油润滑。其他如工作台纵向丝杆两端轴承、垂直导轨面、刀杆支架轴承等采用油枪注油润滑	手柄轴 每班加油1次 垂直导轨 每班加油1次 丝杆两端 轴承每班 加油1次 手拉油泵 2天加油 1次 每班 拉8~10下 油标 横向丝杆 每班加油1次 油标

二、 铣床的维护与保养

作为一名铣工不仅要会操纵铣床，还要爱护和保养铣床。为保证其精度和使用寿命，必须对铣床进行合理的维护与保养。

1. 日常保养

每班铣床工作结束后应擦净铣床的工作台面，要求无油污、无铁屑，并加注润滑油润滑，使铣床外表清洁并保持场地整齐。

2. 一级保养

当铣床运行500 h后，就需要进行一级保养。保养工作应该以操作工为主，维修工进行配合。保养的内容：部件的清洗、各部分的润滑、传动部分的调整。

➔ 实践活动

一、 实践条件

实践条件见表1-3-2。

表 1-3-2 实践条件

类别	名称
设备	X5032 型立式升降台铣床，X6132 型卧式万能升降台铣床
工具	毛刷、抹布及其余工具若干
其他	工作服、工作帽、工具箱、润滑油等

二、实践步骤

铣床基本操作的实践步骤见表 1-3-3。

表 1-3-3 铣床基本操作的实践步骤

序号	步骤	操作	图示
1	实践准备	安全教育，检查"两穿两戴"	略
2	清扫机床	清扫机床工作台、T 形槽，去除切屑、油污；清扫罩壳，去除油污、积垢；检查润滑系统，确保油泵、油孔、油窗无油污、积垢，油窗清晰可见	略
3	手动注油润滑	使用手拉油泵对工作台丝杆、螺母、导轨等注油润滑；使用油枪对丝杆轴承、挂架轴承、垂直导轨面进行注油润滑	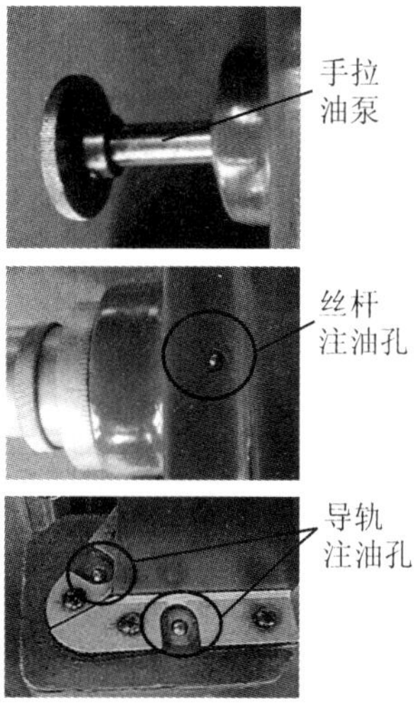 手拉油泵 丝杆注油孔 导轨注油孔

续表

序号	步骤	操作	图示
4	主轴箱和进给变速箱的润滑	开动铣床，检查各处油窗是否甩油，铣床的主轴箱和进给变速箱均采用自动润滑，铣床运行时在油窗或油标显示润滑状况； 若油位低于要求油位，则需立即加油	 油窗
5	操作后整理、清洁	操作完毕后，正确放置零件，整理工、量具，清洁机床工作台	略

扫一扫：观看铣床日常维护的学习视频。

→ **专业对话**

1. 铣床润滑时为什么使用润滑油而不是润滑脂？

2. 怎样清扫铣床工作台？

→ **任务评价**

考核标准见表 1-3-4。

表 1-3-4　考核标准

序号	检测内容	检测项目	分值/分	检测量具	自测结果	得分/分	教师检测结果	得分/分
1	客观评分 A	机床日常润滑	10					
2		说出五条日常机床维护内容	10					
3		润滑油的选择	10					
4		清洁方法动作规范	10					
5		床身擦拭	10					
6	主观评分 B（设备及工、量、刃具的维修使用）	工、量、刃具的合理使用与保养	10					
7		铣床的正确操作	10					
8		铣床的正确润滑	10					
9		铣床的正确保养	10					

续表

序号	检测内容	检测项目	分值/分	检测量具	自测结果	得分/分	教师检测结果	得分/分
10	主观评分 B（安全文明生产）	执行正确的安全操作规程	10					
11		正确"两穿两戴"	10					
12	客观评分 A 总分		50	客观评分 A 实际得分				
13	主观评分 B 总分		60	主观评分 B 实际得分				
14	总体得分率			评定等级				
评分说明	1. 评分由客观评分 A 和主观评分 B 两部分组成，其中客观评分 A 占 85%，主观评分 B 占 15%； 2. 客观评分 A 分值为 10 分、0 分，主观评分 B 分值为 10 分、9 分、7 分、5 分、3 分、0 分； 3. 总体得分率：（A 实际得分×85%＋B 实际得分×15%）/（A 总分×85%＋B 总分×15%）×100%； 4. 评定等级：根据总体得分率评定，具体为 AB≥92%＝1，AB≥81%＝2，AB≥67%＝3，AB≥50%＝4，AB≥30%＝5，AB＜30%＝6							

→ **拓展活动**

查阅相关资料，写出常用液压油的牌号及其适用场合，并说明铣床的主轴变速箱和进给变速箱需要的液压油牌号。

项目二

铣削的刀具与夹具

➔ 项目导航

本项目主要介绍铣削加工中常用的刀具、夹具，以及刀具、夹具和工件的安装，同时涉及利用铣床进行简单孔加工部分内容。

➔ 学习要点

1. 了解铣削加工常用的铣刀。

2. 掌握各铣削刀具的安装。

3. 了解铣削加工常用的夹具。

4. 掌握平口钳的安装找正。

5. 掌握工件的夹装方法。

6. 掌握利用铣床加工简单孔的方法。

任务一 常用铣削刀具

➔ 任务目标

1. 了解铣削刀具的种类和加工内容。

2. 了解刀具材料。

3. 能够辨识铣刀。

→ **学习活动**

一、常用铣削刀具的种类及加工内容

常用铣削刀具及其加工内容见表 2-1-1。

表 2-1-1　常用铣削刀具及其加工内容

铣刀名称	铣刀图示	铣刀加工图示	加工内容
圆柱形 铣刀		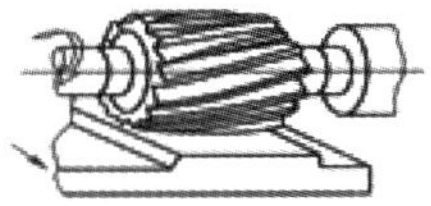 铣平面	平面或台 阶面加工
端铣刀		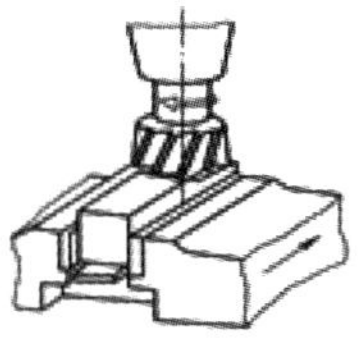 铣平面	
盘形槽 铣刀		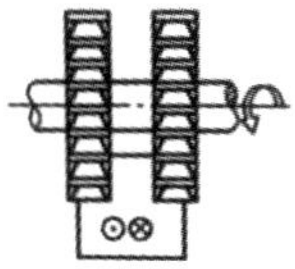 铣台阶面	
立铣刀		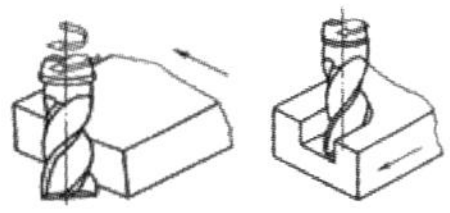 铣垂直面和开口槽	台阶、直角沟槽 加工
三面刃 铣刀		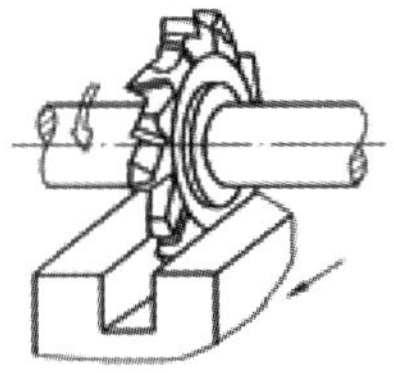 铣直槽面	
键槽 铣刀		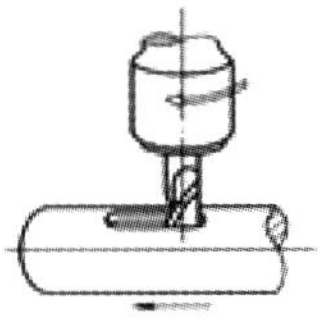 铣键槽	

续表

铣刀名称	铣刀图示	铣刀加工图示	加工内容
T 形槽铣刀	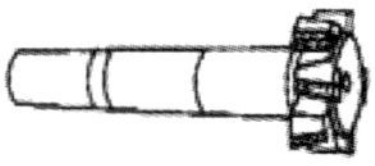	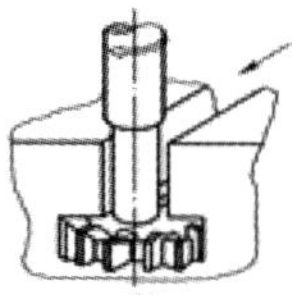 铣 T 形槽	
燕尾槽铣刀		 铣燕尾槽	
双角铣刀		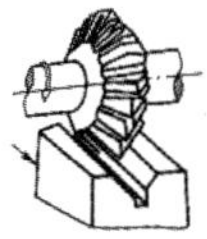 铣 V 形槽	成形槽或成形面加工
凸半圆铣刀		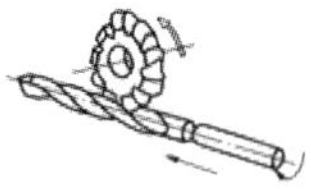 铣圆形槽	
齿轮铣刀		 铣齿轮	
锯片铣刀		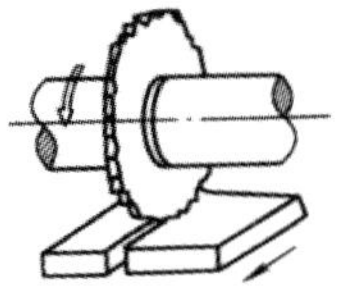 切断	切断加工

二、常用刀具材料及其适用范围

铣刀材料可大致分为高速钢、硬质合金、陶瓷、金钢石、立方氮化硼等几类。在各材料中又有很多牌号的刀具材料。在此只简单介绍几种常用的刀具材料，见表 2-1-2。

表 2-1-2　常用刀具材料及其适用范围

刀具材料	性能特点	适用范围	切削速度 v_c/(m/min)
高速钢	硬度 63～66HRC，红硬性 48.5HRC，足够的强度和韧性	一般钢	6～42
		铸铁	4.5～36
硬质合金	红硬性好，能承受一定冲击载荷，通用性好	钢	36～150
		铸铁	21～150
陶瓷	硬度可达 94HRC，耐磨，耐热，1 200 ℃仍正常切削	各种难加工材料	
金刚石	硬度可达 8 000～10 000HV，高耐磨；但热稳定性差，超过 700 ℃会失去硬度	可切削硬质合金、陶瓷等高硬度材料	加工铝合金可达 800～3 800
立方氮化硼	硬度 8 000～9 000HV，热稳定 1 400～1 500 ℃	各种淬硬钢、硬质合金等	

实践活动

一、实践条件

实践条件见表 2-1-3。

表 2-1-3　实践条件

类别	名称
设备	X5032 型立式升降台铣床、X6132 型卧式万能升降台铣床
刀具	各种类型刀具若干

二、实践步骤

步骤 1：简单介绍刀具的种类以及材料；

步骤 2：学生讨论刀具的类型和材料；

步骤 3：互相鉴定刀具种类和材料。

扫一扫：观看铣床常用刀具的学习视频。

专业对话

1. 谈一谈如何根据加工内容和材料选择合适的刀具。

2. 说一说什么是刀具的红硬性。

→ **任务评价**

考核标准见表 2-1-4。

表 2-1-4 考核标准

序号	检测内容	检测项目	分值/分	检测量具	自测结果	得分/分	教师检测结果	得分/分
1	客观评分 A (工作内容)	认领的准确度	10	不合要求不得分				
2		回答问题情况	10	不合要求不得分				
3	主观评分 B (工作内容)	认领的速度	10	酌情扣分				
4		动作的规范性	10	酌情扣分				
5	主观评分 B (安全文明生产)	正确"两穿两戴"	10	穿戴整齐、紧扣、紧扎				
6		执行正确的安全操作规程	10	视规范程度给分				
7	客观评分 A 总分		20	客观评分 A 实际得分				
8	主观评分 B 总分		40	主观评分 B 实际得分				
9	总体得分率			评定等级				
评分说明	1. 评分由客观评分 A 和主观评分 B 两部分组成，其中客观评分 A 占 85%，主观评分 B 占 15%； 2. 客观评分 A 分值为 10 分、0 分，主观评分 B 分值为 10 分、9 分、7 分、5 分、3 分、0 分； 3. 总体得分率：(A 实际得分×85%＋B 实际得分×15%)/(A 总分×85%＋B 总分×15%)×100%； 4. 评定等级：根据总体得分率评定，具体为 AB≥92%＝1，AB≥81%＝2，AB≥67%＝3，AB≥50%＝4，AB≥30%＝5，AB<30%＝6							

→ **拓展活动**

判断题

1. 常用的高速钢大都采用钨系高速钢 W18Cr4V。 （　　）

2. 刀具切削部位材料的硬度必须大于工件材料的硬度。 （　　）

3. 铣刀切削部分材料的硬度在常温下一般为 60HRC 以上。 （　　）

4. 对封闭槽进行铣削加工时，应直接采用立铣刀进行铣削。 （　　）

5. 耐热性好的材料，其强度和韧性较好。 （ ）

6. 高速钢在强度、韧性等方面均优于硬质合金，故可用于高速切削。 （ ）

7. 高速工具钢是以钨、铬、钼、钴为主要合金元素的高合金工具钢。 （ ）

8. 立方氮化硼刀具主要用于加工高硬度、高韧性的难加工钢材。 （ ）

任务二 铣刀的安装

任务目标

1. 了解铣刀杆的结构。

2. 了解铣刀柄的结构。

3. 掌握铣刀的安装与拆卸。

学习活动

一、 带孔铣刀安装

带孔铣刀需要借助刀杆(图 2-2-1)安装在主轴上。

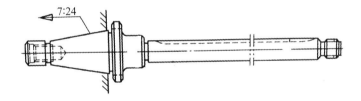

图 2-2-1 7：24 锥柄铣刀杆

带孔铣刀安装步骤见表 2-2-1。

表 2-2-1 带孔铣刀安装步骤

步骤序号	安装图示	安装说明
1	键 垫圈 铣刀	刀杆上先套上几个垫圈，装上键，再套上铣刀

续表

步骤序号	安装图示	安装说明
2	压紧螺母	铣刀外边的刀杆上再套上几个垫圈后，拧上左旋螺母
3	紧固螺钉	装上挂架，拧紧挂架紧固螺钉，轴承孔内加润滑油
4		轻轻拧紧螺母，开动机床观察铣刀是否装正，装正后用力拧紧螺母

二、面铣刀安装

面铣刀安装使用短刀杆，铣刀安装在刀杆上后，用螺钉从孔的止口内端面将铣刀紧固在刀杆上，如图 2-2-2 所示。

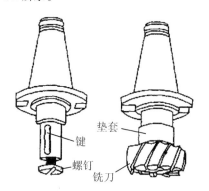

图 2-2-2　面铣刀安装

三、带柄铣刀安装

1. 锥柄铣刀安装

锥柄铣刀安装如图 2-2-3 所示。

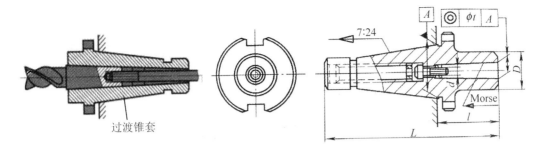

图 2-2-3　锥柄铣刀安装

2. 直柄铣刀安装

直柄铣刀安装需要用到弹性铣夹头，安装时旋紧螺母使弹簧套径向收缩夹紧刀柄，如图 2-2-4 所示。

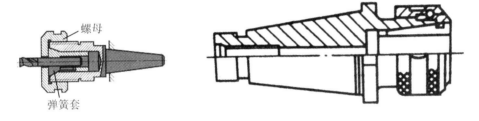

图 2-2-4　直柄铣刀安装

实践活动

一、实践条件

实践条件见表 2-2-2。

表 2-2-2　实践条件

类别	名称
设备	X6132 卧式万能升降台铣床、X5032 立式升降台铣床
夹具	刀具装夹模块
刀具	圆柱铣刀、直柄立铣刀、锥柄立铣刀、盘铣刀及铣刀辅具

二、实践步骤

铣刀安装的实践步骤见表 2-2-3。

表 2-2-3　铣刀安装的实践步骤

图示	步骤	操作
1	实践准备	安全教育，检查"两穿两戴"
2	开机，锁紧主轴	打开机床电源，将主轴锁紧开关接通
3	三面刃铣刀的安装	按照表 2-2-1 的步骤安装三面刃铣刀
4	面铣刀的安装	按照图 2-2-2 安装面铣刀
5	立铣刀的安装	按照图 2-2-3 安装立铣刀
6	操作后整理、清洁	操作完毕后，正确放置零件，整理工、量具，清洁机床工作台

扫一扫

扫一扫：观看铣床刀具安装与拆卸的学习视频。

⊕ 专业对话

1. 谈一谈直柄立铣刀安装过程中应该注意哪些问题。

2. 说一说各类铣刀安装的夹紧方式是什么。

⊕ 任务评价

考核标准见表 2-2-4。

表 2-2-4　考核标准

序号	检测内容	检测项目	分值/分	检测量具	自测结果	得分/分	教师检测结果	得分/分
1	客观评分 A（操作步骤）	刀具辅具选用	10					
2		带孔铣刀安装	10					
3		盘铣刀安装	10					
4		直柄立铣刀安装	10					
5		锥柄立铣刀安装	10					
6	主观评分 B（设备及工、量、刀具的维修使用）	工、量、刃具的合理使用与保养	10					
7								
8		铣床的正确操作	10					
9		铣床的正确润滑	10					
		铣床的正确保养	10					

续表

序号	检测内容	检测项目	分值/分	检测量具	自测结果	得分/分	教师检测结果	得分/分
10	主观评分 B（安全文明生产）	执行正确的安全操作规程	10					
11		正确"两穿两戴"	10					
12	客观评分 A 总分		50	客观评分 A 实际得分				
13	主观评分 B 总分		60	主观评分 B 实际得分				
14	总体得分率			评定等级				
评分说明	1. 评分由客观评分 A 和主观评分 B 两部分组成，其中客观评分 A 占 85％，主观评分 B 占 15％； 2. 客观评分 A 分值为 10 分、0 分，主观评分 B 分值为 10 分、9 分、7 分、5 分、3 分、0 分； 3. 总体得分率：（A 实际得分×85％＋B 实际得分×15％）/（A 总分×85％＋B 总分×15％）×100％； 4. 评定等级：根据总体得分率评定，具体为 AB≥92％=1，AB≥81％=2，AB≥67％=3，AB≥50％=4，AB≥30％=5，AB＜30％=6							

→ **拓展活动**

简要说明图 2-2-5 中各部件的作用。

图 2-2-5　铣夹头模块

任务三　工件的安装

⊙ 任务目标

1. 了解铣床常用的一些夹具。

2. 掌握机用虎钳的安装找正。

3. 掌握机用虎钳安装工件的定位夹紧。

⊙ 学习活动

一、 铣床常用夹具

铣床常用夹具见表 2-3-1。

表 2-3-1　铣床常用夹具

夹具名称	夹具图示	夹具说明
机用虎钳	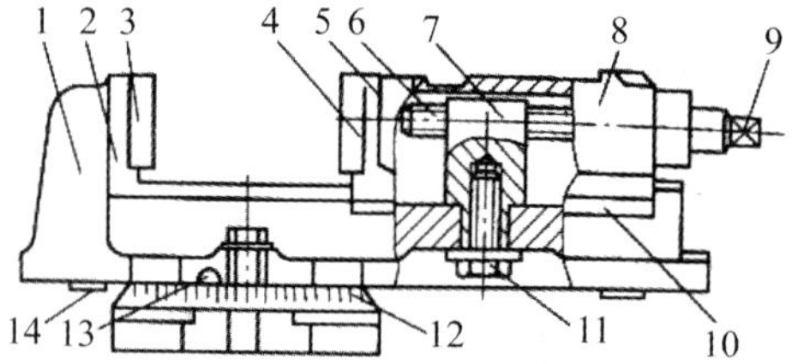 1—虎钳体；2—固定钳口；3、4—钳口铁；5—活动钳口；6—丝杆；7—螺母；8—活动座；9—方头；10—压板；11—紧固螺钉；12—回转底座；13—钳座零铁；14—定位键	机用虎钳主要用于装夹长方形工件，也可用于装夹圆柱形工件
回转工作台	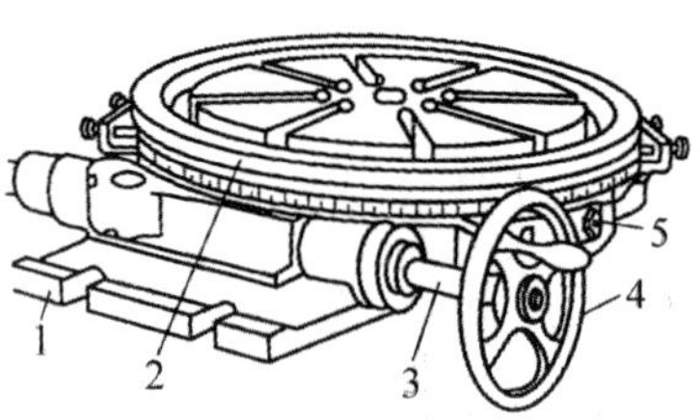 1—底座；2—转台；3—蜗杆轴；4—手轮；5—固定螺钉	当铣削有弧形表面工件时，用回转工作台装夹

续表

夹具名称	夹具图示	夹具说明
万能分度头	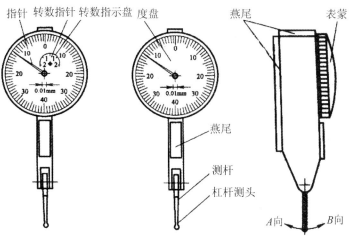	能将工件轴线装置成水平、垂直或倾斜位置进行铣削加工
专用夹具		为零件设计的专用夹具，只针对相应零件使用

二、 杠杆百分表和大量程百分表使用

1. 常用百分表

为了保证工件连接面的加工精度，需要对机用虎钳的固定钳口相对于工作台的平行度和垂直度进行校正。校正过程中需要用到杠杆百分表(图 2-3-1)或者大量程百分表(图 2-3-2)。杠杆百分表的量程有 0.8 和 1.6 两个规格，分度值为 0.01，回程误差为 0.003；大量程百分表有 0～30、0～50、0～100 三种规格，分度值为 0.01，示值误差为 0.005。

图 2-3-1　杠杆百分表

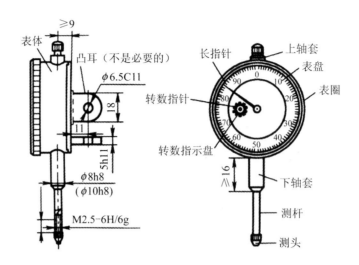

图 2-3-2   大量程百分表

2. 百分表的正确使用

测量前，先检测确认百分表完好无损，指针转动灵活且回程复位可靠。

测量时，应使百分表测量杆垂直工件被测表面。测量圆柱面时，测量杆的轴线应与该圆柱圆截面的直径线相重合。测量前，测量杆应有一定的压缩量（0.3～1 mm），以产生一定的初始测力。侧头应缓慢与测量面接触，防止损坏量表，造成测量误差。

3. 百分表使用注意事项

(1)百分表固定在可靠的表架上，测量前检测是否夹牢。

(2)测量时不要撞击测头，以免影响测量精度。

(3)测量杆不要上油，以免油污进入表内，影响百分表的灵敏度。

三、 机用虎钳的安装找正

校正虎钳固定钳口位置度时，百分表和磁性表座一起使用，固定钳口找正步骤，见表 2-3-2。

表 2-3-2　固定钳口找正步骤

步骤序号	图示	说明
1	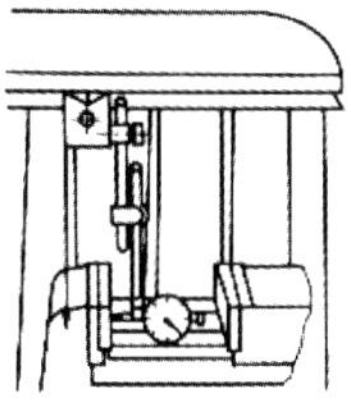	安装前将工作台面清理干净，并将机用虎钳放置在适当位置
2		将磁力表座固定在铣床悬梁导轨或立铣头上，安装百分表使测量杆与固定钳口平面大致垂直
3		使测头接触到钳口平面并将测量杆压缩量调至百分表量程半圈
4	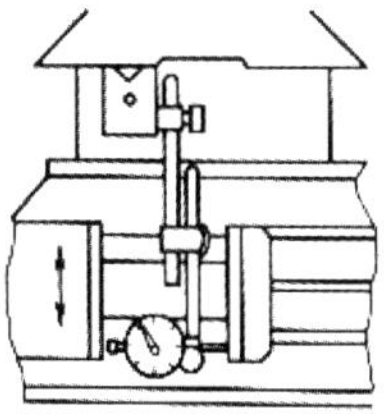	横向移动工作台，并用铜棒轻敲虎钳使百分表在钳口全长范围内，示值范围在 0.03 mm 以内
5		垂直升降工作台，调整虎钳钳口使百分表在钳口全高范围内，示值范围在 0.03 mm 以内
6		旋紧机用虎钳的固定螺钉，取下百分表并擦拭放回量具盒中

四、 工件在机用虎钳上的装夹

工件的装夹见表 2-3-3。

表 2-3-3　工件的装夹

步骤	图示	说明
定位	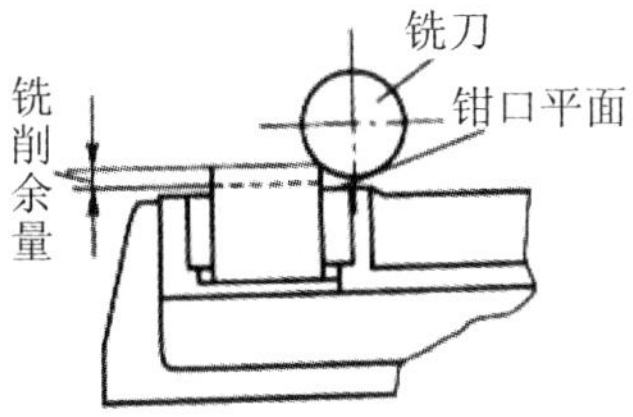	将工件放置在机用虎钳适当的位置
		在工件下方加垫垫铁使工件留有足够的加工余量
		使工件与固定钳口紧密贴合，必要时可在移动钳口处放置圆棒，将面接触变为线接触

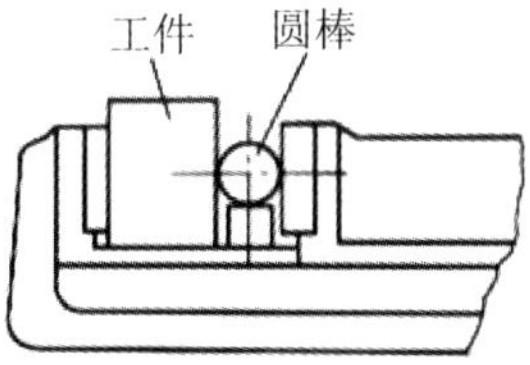

续表

步骤	图示	说明
夹紧	平行垫铁 工件 钳体导轨面	工件位置定位好后，轻轻旋紧机用虎钳，并用铜棒轻敲工件上表面，直到下方垫铁不可移动为止
		再次旋紧机用虎钳，使夹紧牢固

➔ 实践活动

一、 实践条件

实践条件见表 2-3-4。

表 2-3-4　实践条件

类别	名称
设备	X6132 卧式万能升降台铣床、X5032 立式升降台铣床
夹具	平口钳
刀具	各种类型刀具若干

二、 实践步骤

平口钳的找正与工件安装的实践步骤见表 2-3-5。

表 2-3-5　平口钳的找正与工件安装的实践步骤

序号	步骤	操作
1	实践准备	安全教育，检查"两穿两戴"
2	找正平口钳	按照表 2-3-2 的步骤找正并压紧平口钳
3	工件的装夹	按照表 2-3-3 的步骤装夹工件
4	操作后整理、清洁	操作完毕后，正确放置零件，整理工、量具，清洁机床工作台

扫一扫：观看在铣床平口钳上装夹工件的学习视频。

➔ 专业对话

1. 谈一谈为什么要对固定钳口进行校正，而不对活动钳口校正。

扫一扫

2. 说一说工件夹紧的过程。

→ **任务评价**

考核标准见表 2-3-6。

表 2-3-6　考核标准

序号	检测内容	检测项目	分值/分	检测量具	自测结果	得分/分	教师检测结果	得分/分
1	客观评分 A（操作步骤）	百分表读数	10					
2		机用虎钳水平校正	10					
3		机用虎钳垂直校正	10					
4		工件的定位	10					
5		工件的夹紧	10					
6	主观评分 B（设备及工、量、刃具的维修使用）	工、量、刃具的合理使用与保养	10					
7		铣床的正确操作	10					
8		铣床的正确润滑	10					
9		铣床的正确保养	10					
10	主观评分 B（安全文明生产）	执行正确的安全操作规程	10					
11		正确"两穿两戴"	10					
12	客观评分 A 总分		50	客观评分 A 实际得分				
13	主观评分 B 总分		60	主观评分 B 实际得分				
14	总体得分率			评定等级				
评分说明	1. 评分由客观评分 A 和主观评分 B 两部分组成，其中客观评分 A 占 85%，主观评分 B 占 15%； 2. 客观评分 A 分值为 10 分、0 分，主观评分 B 分值为 10 分、9 分、7 分、5 分、3 分、0 分； 3. 总体得分率：（A 实际得分×85%＋B 实际得分×15%）/（A 总分×85%＋B 总分×15%）×100%； 4. 评定等级：根据总体得分率评定，具体为 AB≥92%＝1，AB≥81%＝2，AB≥67%＝3，AB≥50%＝4，AB≥30%＝5，AB<30%＝6							

→ **拓展活动**

查阅相关资料，简要说明万能分度头(图 2-3-3)和回转工作台(图 2-3-4)能用来辅助加工哪些零件。

图 2-3-3　万能分度头

图 2-3-4　回转工作台

任务四　常用的孔加工刀具

 **任务目标**

加工如图 2-4-1 所示的零件，达到图样所规定的要求。

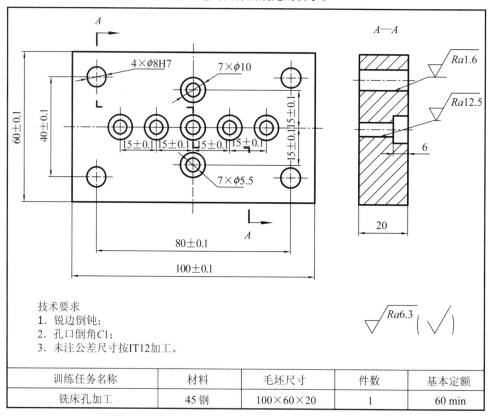

技术要求
1. 锐边倒钝；
2. 孔口倒角C1；
3. 未注公差尺寸按IT12加工。

$$\sqrt{Ra6.3} \quad \left(\sqrt{} \right)$$

训练任务名称	材料	毛坯尺寸	件数	基本定额
铣床孔加工	45 钢	100×60×20	1	60 min

图 2-4-1　铣床孔加工

⊙ **学习活动** ━━━━━━━━━━━━━━━━━━━━━━━━━━━━

一、 常用的孔加工刀具

常用的孔加工刀具见表 2-4-1。

表 2-4-1 常用的孔加工刀具

名称	图示	用途介绍
中心钻		用于孔加工的预制精确定位，引导麻花钻进行孔加工，减少误差
麻花钻		麻花钻是通过其相对固定轴线的旋转切削以钻削工件的圆孔的刀具
扩孔钻		扩孔钻是对已钻出或铸出的孔进行加工的刀具
锪孔钻		大多是将毛坯的所需加工面用锪刀刮平，特别是作螺栓连接的平面，为了使螺栓与结合面垂直，需要把孔底锪平
铰刀		铰刀具有一个或多个刀齿、用以切除已加工孔表面薄层金属的旋转刀具，具有直刃或螺旋刃的旋转精加工刀具

二、 铣床加工小直径孔

1. 划线钻孔

首先根据加工孔的材料和刀具，合理选择主轴转速。其次移动工件，使钻头对准划线的圆心样冲眼，即试钻。如发现有偏心现象，需重新进行校准。但由于钻头在工件上已定心，即使移动工件再钻，钻头还会落到原来位置上，所以，应在浅孔坑与划线距离较大处錾数条浅槽，使试钻孔底变平不再起导向作用，落钻再试，等对准后即可开始钻孔。当钻头快要钻通时，应减慢进给速度，钻通后方可退刀，如图 2-4-2 所示。

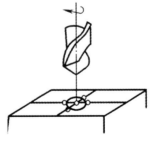

图 2-4-2 划线钻孔

2. 靠刀法钻孔

当孔对基准的孔距尺寸精度要求较高时，用划线法钻孔不易控制，此时可利用铣床的纵向、横向手轮刻度，采用靠刀法对刀钻孔，如图 2-4-3 所示。

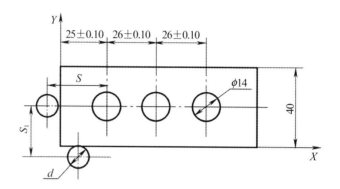

图 2-4-3　靠刀法钻孔

3. 铰孔

铰孔是精加工孔的一种方法，孔的加工精度由铰孔精度保证。铰削用量的选择将直接影响加工孔的精度和表面粗糙度。所以在加工前要根据刀具和工件材料合理选择铰削参数。表 2-4-2 是铰孔质量分析。

表 2-4-2　铰孔质量分析

质量问题	影响因素
表面粗糙度达不到要求	铰切削刃口不锋利或有崩裂，铰刀切削部分和修整部分不光洁；铰刀切削刃上粘有积屑瘤，容屑槽内切屑粘积过多；铰削余量太大或太小；切削速度太高，以致产生积屑瘤；铰刀退出时反转，手铰时铰刀旋转不平稳；切削液选择不当或浇注不充足；铰刀偏摆过大
孔径扩大	铰刀与孔的中心不重合，铰刀偏摆过大；铰削余量和进给量过大；切削速度太高，铰刀温度上升而直径增大；操作者粗心（未仔细检查铰刀直径和铰孔直径）
孔径缩小	铰刀超过磨损标准，尺寸变小仍继续使用；铰刀磨钝后继续使用，造成孔径过度收缩；铰削钢料时加工余量太大，铰好后内孔弹性变形恢复使孔径缩小；铰铸铁时加了煤油
孔中心轴线不直	铰孔前的预加工孔不直，铰小孔时由于铰刀刚度差，而未能纠正原有的弯曲；铰刀切削锥角太大，使铰削时方向发生偏歪；手铰时，两手用力不均

续表

质量问题	影响因素
孔呈多棱形	铰削余量太大和铰刀切削刃不锋利，使铰削时发生"啃刀"现象，发生振动而出现多棱形；钻孔不圆，使铰孔时铰刀发生弹跳现象；机床主轴振摆太大

→ 实践活动

一、 实践条件

实践条件见表 2-4-3。

表 2-4-3 实践条件

类别	名称
设备	X5032 型立式升降台铣床
量具	各种量具若干
工具	毛刷、抹布及其余工具若干
刀具	麻花钻、铰刀若干
其他	工作服、工作帽、工具箱、润滑油等

二、 实践步骤

铣床孔加工实践步骤见表 2-4-4。

表 2-4-4 铣床孔加工实践步骤

序号	步骤	操作	图示
1	实践准备	安全教育，图样分析，工艺制定	
2	划线	利用高度尺划线确定孔的中心位置	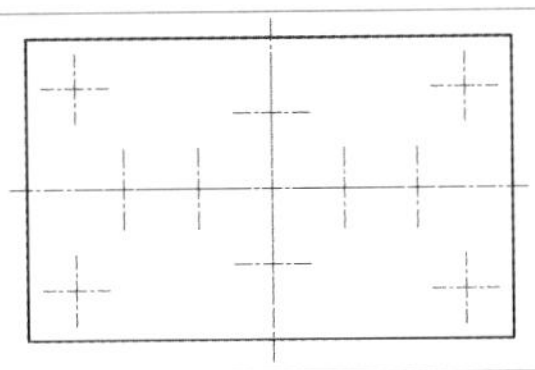
3	孔加工	移动铣床工作台钻孔，铰孔； 参考切削用量： ϕ7.8 麻花钻 $n=750$ r/min，$V_f=60$ mm/min ϕ5.5 麻花钻 $n=950$ r/min，$V_f=60$ mm/min	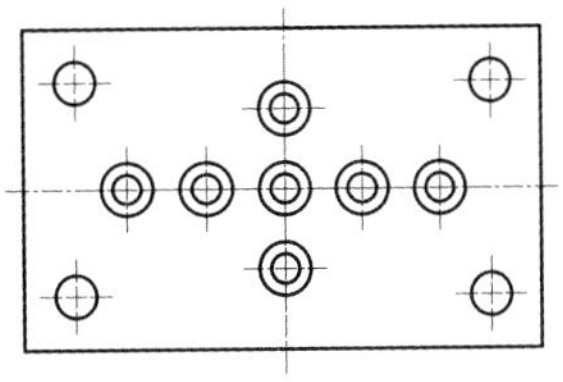

续表

序号	步骤	操作	图示
		$\phi 10$ 锪孔钻 $n=600$ r/min，$V_f=50$ mm/min $\phi 10$ H7 铰刀 $n=300$ r/min，$V_f=30$ mm/min	
4	加工后整理、清洁	加工完毕后，正确放置零件，整理工、量具，清洁机床工作台	

扫一扫：观看在铣床上钻孔的学习视频。

专业对话

1. 谈一谈铣床如何定位孔的位置。

2. 说一说如何加工排孔。

任务评价

考核标准见表 2-4-5。

表 2-4-5　考核标准

序号	检测内容	检测项目	分值/分	检测量具	自测结果	得分/分	教师检测结果	得分/分
1	客观评分 A（主要尺寸）	80 ± 0.1	10					
2		40 ± 0.1	10					
3		$4\times\phi 8$H7	10					
4		15 ± 0.1	10					
5		15 ± 0.1	10					
6		15 ± 0.1	10					
7		15 ± 0.1	10					
8		15 ± 0.1	10					
9		15 ± 0.1	10					
10		$7\times\phi 10$	10					
11		6(7 处)	10					

续表

序号	检测内容	检测项目	分值/分	检测量具	自测结果	得分/分	教师检测结果	得分/分
12	客观评分A（几何公差与表面质量）	粗糙度 $Ra6.3$	10					
13		粗糙度 $Ra12.5$	10					
14	主观评分B（设备及工、量、刀具的维修使用）	工、量、刀具的合理使用与保养	10					
15		铣床的正确操作	10					
16		铣床的正确润滑	10					
17		铣床的正确保养	10					
18	主观评分B（安全文明生产）	执行正确的安全操作规程	10					
19		正确"两穿两戴"	10					
20	客观评分A总分		130	客观评分A实际得分				
21	主观评分B总分		60	主观评分B实际得分				
22	总体得分率			评定等级				
评分说明	1. 评分由客观评分A和主观评分B两部分组成，其中客观评分A占85%，主观评分B占15%； 2. 客观评分A分值为10分、0分，主观评分B分值为10分、9分、7分、5分、3分、0分； 3. 总体得分率：（A实际得分×85%＋B实际得分×15%）/（A总分×85%＋B总分×15%）×100%； 4. 评定等级：根据总体得分率评定，具体为AB≥92%＝1，AB≥81%＝2，AB≥67%＝3，AB≥50%＝4，AB≥30%＝5，AB＜30%＝6							

→ **拓展活动**

加工如图2-4-4所示的零件，达到图样所规定的要求。

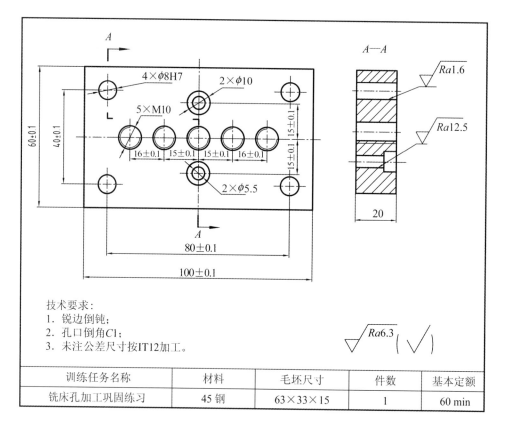

技术要求:
1. 锐边倒钝;
2. 孔口倒角C1;
3. 未注公差尺寸按IT12加工。

训练任务名称	材料	毛坯尺寸	件数	基本定额
铣床孔加工巩固练习	45 钢	63×33×15	1	60 min

图 2-4-4　铣床孔加工巩固练习

项目三

平面的铣削

➤ 项目导航

　　平面是基础类零件（如箱体、工作台、床身及支架等）的主要表面，也是回旋体零件的重要表面之一（如端面、台肩面等）。本项目主要介绍平面的铣削加工方法、平面质量检测方法以及垂直面与平行面的铣削方法及检测方法。

➤ 学习要点

　　1. 学会平面铣削的方法。

　　2. 理解顺铣与逆铣两种铣削方式。

　　3. 学会垂直面的铣削方法。

　　4. 学会平行面的铣削方法。

　　5. 学会六面体的铣削方法。

　　6. 学会平面度、垂直度、平行度的测量方法。

任务一　平面、连接面的铣削

➤ 任务目标

　　加工如图 3-1-1 所示的零件，达到图样所规定的要求。

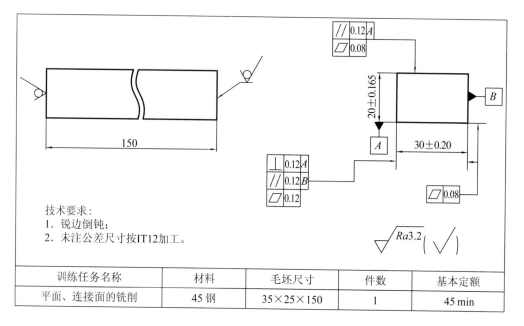

技术要求:
1. 锐边倒钝;
2. 未注公差尺寸按IT12加工。

训练任务名称	材料	毛坯尺寸	件数	基本定额
平面、连接面的铣削	45 钢	35×25×150	1	45 min

图 3-1-1　平面、连接面的铣削

➔ 学习活动

一、 平面的铣削

铣床工作台的台面、机床的导轨面、台虎钳的底面和平行垫铁表面等都是平面。平面是构成机器零件的基本表面之一。铣平面是铣工基本的工作内容,也是进一步掌握铣削其他各种复杂表面的基础。平面质量的好坏,主要从以下几个方面来衡量,即平面的平整程度、与其他表面之间的位置精度以及铣削加工后平面的表面质量,平整度和位置精度可用直线度、平面度、平行度、垂直度、倾斜度等进行衡量,而表面质量主要用表面粗糙度来衡量。

在铣床上铣削平面有两种方法:端铣法和圆周铣削法。

(一)端铣法

端铣法是利用分布在铣刀端面上的刀刃来铣削并形成平面的方法。端铣使用端铣刀在立式铣床上进行,铣出的平面与铣床工作台台面平行,如图 3-1-2 所示。端铣也可以在卧式铣床上进行,铣出的平面与铣床工作台台面垂直,如图 3-1-3 所示。

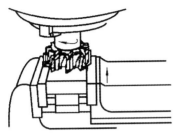 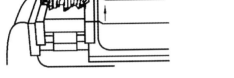

图 3-1-2 在立式铣床上进行端铣　　　图 3-1-3 在卧式铣床上进行端铣

用端铣方法铣出的平面,其平面度主要决定于铣床主轴轴线与进给方向的垂度。若主轴轴线与进给方向垂直,铣刀刀尖会在工件表面铣出呈网状的刀纹,如图 3-1-4 所示。

若主轴轴线与进给方向不垂直,铣刀刀尖会在工件表面铣出单向的弧形刀纹,工件表面被铣出一个凹面,如图 3-1-5 所示。如果铣削时进给方向是从刀尖高的一端移向刀尖低的一端,还会产生"拖刀"现象;反之,则可避免"拖刀"。因此,用端铣法铣削平面时,应校正主轴轴线与工作台平面垂直。

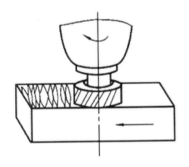 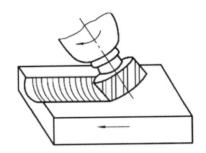

图 3-1-4 端铣时主轴轴线与进给方向垂直　　　图 3-1-5 端铣时主轴轴线与进给方向不垂直

(二)圆周铣削法

圆周铣削法是利用分布在铣刀圆柱表面上的齿刃进行的铣削并形成平面的方法。圆周铣削使用圆柱形铣刀在卧式铣床上进行,铣出的平面与铣床工作台台面平行。假设有一个圆柱体作旋转运动,当工件在圆柱下做直线运动通过后,工件表面就被碾成一个平面,如图 3-1-6 所示。

由于圆柱铣刀有若干个刀刃组成,所以铣出的平面有微小的波纹,要使加工表面能够获得较小的表面粗糙度,工件的进给速度应该小一些,而铣刀的转速应高一些。

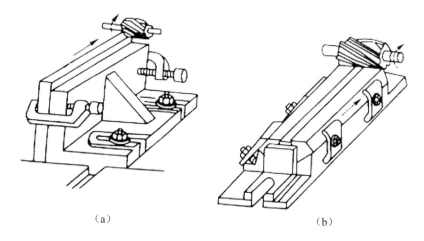

（a）　　　　　　　　　　　　　　（b）

图 3-1-6　在卧式铣床是用圆柱铣刀铣平面

　　用圆周铣的方法铣出的平面，其平面度误差的大小，主要取决于铣刀的圆柱度误差。因此，在精铣平面时，必须保证圆柱铣刀有很高的形状精度，即圆柱度误差要小。

（三）端铣与圆周铣的比较

　　端铣与圆周铣的特点见表 3-1-1。

表 3-1-1　端铣与圆周铣的特点

端铣的特点	圆周铣的特点
（1）端铣刀的刀杆短，刚性好，且同时参与切削的刀齿数较多，因此振动小，铣削平稳； （2）端铣刀的直径可以做得很大，能一次铣出较宽的平面而不需要接刀； （3）端铣刀的刀片装夹方便、刚度好，适宜进行高速铣削和强力铣削，可提高生产率和减小表面粗糙度值； （4）端铣刀的刃磨不像圆柱形铣刀要求严格，刀刃和刀尖在径向和轴向的参差不齐，对加工表面的平面度没有影响，只影响平面的表面粗糙度； （5）在相同的铣削层宽度、铣削层深度和每齿进给量的条件下，端铣刀不采用修光刃和减小副偏角等措施情况进行铣削时，比用圆周铣削加工的表面粗糙度值大	（1）工件加工表面的宽度受圆柱形铣刀宽度的限制，不能太宽； （2）圆柱形铣刀若圆柱度不好，则直接影响加工平面的平面度； （3）在相同的铣削层宽度、铣削层深度和每齿进给量的条件下，圆周铣削加工的表面比用端铣刀加工的表面粗糙度值小； （4）从加工工艺范围来看，圆周铣比端铣应用更加广泛

由于端铣具有较多优点，在加工平面时被广泛应用，尤其是大批量生产中铣削宽度大的平面；而圆周铣则适用于中小批量生产中铣削较狭长的平面、键槽及某些成形表面。

二、 顺铣与逆铣

铣削有顺铣和逆铣两种铣削方式。顺铣是指铣刀对工件的作用力在进给方向上的分力与工件进给方向相同的铣削方式，如图 3-1-7 所示。逆铣是指铣刀对工件的作用力在进给方向上的分力与工件进给方向相反的铣削方式，如图 3-1-8 所示。

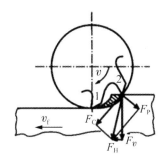
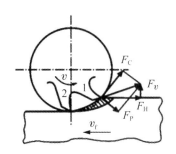

图 3-1-7 圆周铣时的顺铣　　　　图 3-1-8 圆周铣时的逆铣

（一）圆周铣时的顺铣与逆铣

1. 圆周铣时的顺铣与逆铣对工作台运动的影响

在铣削过程中，工作台的进给运动是由丝杆的旋转驱动着丝杆螺母做直线运动而实现的。此时工作台螺旋副的一侧两条螺旋面紧密地贴合在一起；在其另一侧，丝杆与丝杆螺母总是存有间隙的。顺铣时，工作台进给方向与其水平方向的铣削分力 F_f 方向相同，F_f 作用在丝杆和螺母的间隙处，如图 3-1-9 所示。当 F_f 大于工作台滑动的摩擦力时，F_f 将工作台推动一段距离，使工作台发生间歇性窜动。这样便会啃伤工件，损坏刀具，甚至破坏机床。逆铣时，工作台进给方向 V_f 与其水平方向上的铣削分力 F_f 方向相反，如图 3-1-10 所示。两种作用力同时作用在丝杆与螺母的接合面上，工作台在进给运动中，不会发生工作台的窜动现象。

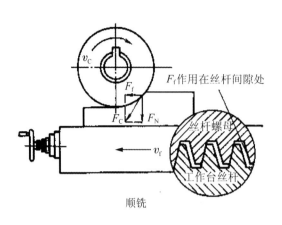

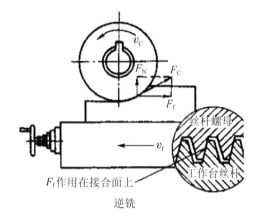

图 3-1-9 顺铣时铣削分力对工作台的作用 　　　图 3-1-10 逆铣时铣削分力对工作台的作用

2. 圆周铣时顺铣与逆铣的特点

圆周铣时顺铣与逆铣的特点见表 3-1-2。

表 3-1-2 圆周铣时顺铣与逆铣的特点

类型	特点
顺铣	(1)切削厚度是由大到小逐渐变化的，刀齿在切削表面上的滑动距离也很小，而且刀齿在工件上走过的路程也比逆铣短，在相同的切削条件下，顺铣的刀具使用寿命长，加工的表面质量好； (2)由于水平铣削力的方向与工件进给运动方向一致，当刀齿对工件的作用力较大时，由于工作台丝杆与螺母间间隙的存在，工作台会产生窜动，这样不仅破坏了切削过程的平稳性，影响工件的加工质量，而且严重时会损坏刀具； (3)刀齿对工件有冲击作用，所以不宜用来加工有硬皮的工件； (4)顺铣时的平均切削厚度大，切削变形较小，与逆铣相比较功率消耗要少
逆铣	(1)切削厚度都是由小到大逐渐变化的，当刀齿刚与工件接触时，切削厚度为零，只有当刀齿在前一刀齿留下的切削表面上滑过一段距离，切削厚度达到一定数值后，刀齿才真正开始切削，所以逆铣时刀具会划伤已加工表面而且刀具易磨损； (2)由于铣刀作用在工件上的水平切削力方向与工件进给运动方向相反，所以工作台丝杆与螺母能始终保持螺纹的一个侧面紧密贴合，切削平稳； (3)由于刀齿与工件间的摩擦较大，因此已加工表面的冷硬现象较严重

(二)端铣时的顺铣和逆铣

端铣时，根据铣刀与工件之间相对位置的不同，分为对称铣削和非对称铣削两种。对称铣削是指铣削宽度对称于铣刀轴线的端铣，切入边为逆铣，切出边为顺铣，如图 3-1-11(a)所示。非对称铣削是指铣削宽度不对称于铣刀轴线的端铣。按切入边和切出边所占铣削宽度比例的不同，非对称铣削又分为非对称顺铣和非对称逆铣两种，如图 3-1-11(b)(c)所示。

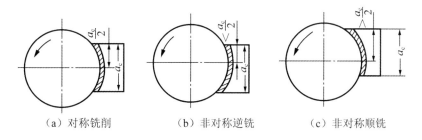

（a）对称铣削　　　　　（b）非对称逆铣　　　　　（c）非对称顺铣

图 3-1-11　对称铣削与非对称铣削

1. 非对称顺铣

切出边的宽度所占的比例较大的端铣叫作非对称顺铣。非对称顺铣也容易拉动工作台，很少采用，用在铣削塑性和韧性好，加工硬化严重的材料，以减少切削黏附和提高刀具寿命此时，必须调整好铣床工作台的丝杆螺母副的传动间隙。

2. 非对称逆铣

切入边的宽度所占的比例较大的端铣叫做非对称逆铣。非对称逆铣时，冲击小，振动小，切削平稳，得到普遍应用。

(三)顺铣与逆铣的选择

综合上述比较，在铣床上进行圆周铣削时，一般都采用逆铣，只有下列情况才选用顺铣：

(1)工作台丝杆、螺母传动副有间隙调整机构，并可将轴向间隙调整到足够小。

(2)切削力在水平方向的分力 F_1 小于工作台与导轨之间的摩擦力。

(3)铣削不易夹紧或薄而长的工件。

二、 平面铣削的步骤

(1)读工件图样。检查毛坯尺寸。

(2)确定工件的装夹方案。

铣削中小型工件的平面时，一般采用机用虎钳装夹；铣削尺寸较大或不便于用机用虎钳装夹的工件时，可采用压板装夹。装夹应按相应要求和注意事项完成。

(3)确定铣削方法，刀具选择、安装。

粗铣加工时应选用粗齿铣刀，铣刀的直径按工件的切削层深度大小而定，切削层深度大，铣刀的直径也应选大些，端铣刀的直径一般应大于工件的加工面宽度的1.2～1.5倍；铣刀宽度要大于工件加工面的宽度。精铣加工时应选用细齿铣刀，铣刀直径应取大些，因为其刀柄直径相应较大，刚性较好，铣削时平稳，能够保证加工表面的质量。

(4)安装并找正工件。由于被夹持表面是毛坯面，所以钳口处应垫上铜片。使用划针盘找正工件。

(5)铣削前对刀工作。在铣床上，移动工作台有手动和机动两种方法。手动移动工作台一般用于切削位置的调整和工件趋近铣刀的运功，机动移动工作台用于连续进给实现铣削。在调整工件或对刀时，如果不小心将手柄摇过位置，则应将手柄倒转一些后(一般转1/2～1周)，再重新摇动手柄到规定位置上，从而消除了螺母丝杆副的轴向间隙，避免尺寸出现错误。

(6)铣削完毕后，停车、降落工作台并退出工件。

(7)测量并卸下工件。

三、 垂直面的铣削

铣垂直面，就是要求铣出的平面与基准面垂直。用端铣刀在卧式铣床上铣出的平面和用端铣刀在立式铣床上铣出的平面，都与工作台面垂直或平行。所以，在这种条件铣垂直面，只要把基准面安装得与工作台台面平行或垂直就可以了。这是铣垂直面的主要问题，至于加工方法，则与铣平面完全相同。垂直面的铣削方法见表3-1-3。

表 3-1-3 垂直面的铣削方法

内容	说明	简图
用平口钳装夹在立式铣床上铣削垂直面	平口钳的固定钳口与底面垂直，当平口钳安装在工作台上后，台面与底面密合，所以固定钳口就与工作台面垂直。因此在安装工件时，只要把基准面与固定钳口紧密贴合即可； 若用端铣刀在立式铣床上铣垂直面。基准面靠固定钳口，活动钳口与工件之间夹一圆棒，以保证基准面与固定钳口完全贴合，如图所示。用端铣刀铣削上表面，则铣出的平面与基准面垂直	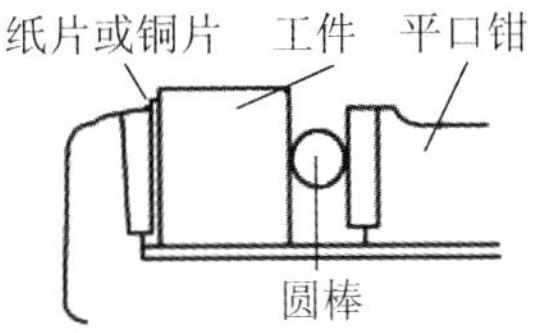 纸片或铜片 工件 平口钳 圆棒 （a）纸片或铜片在钳口上部 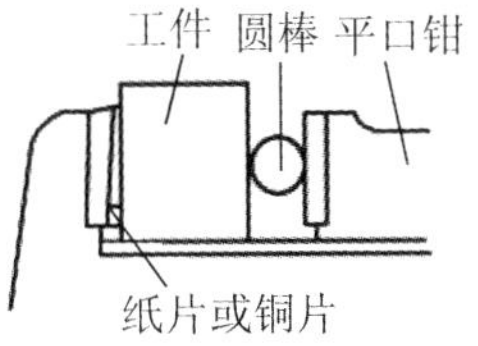 工件 圆棒 平口钳 纸片或铜片 （b）纸片或铜片在钳口下部
用平口钳装夹在卧式铣床上铣削垂直面	在卧式铣床上用平口钳装夹进行铣削铣垂直面，如图所示，这种方法适宜加工较小的工件	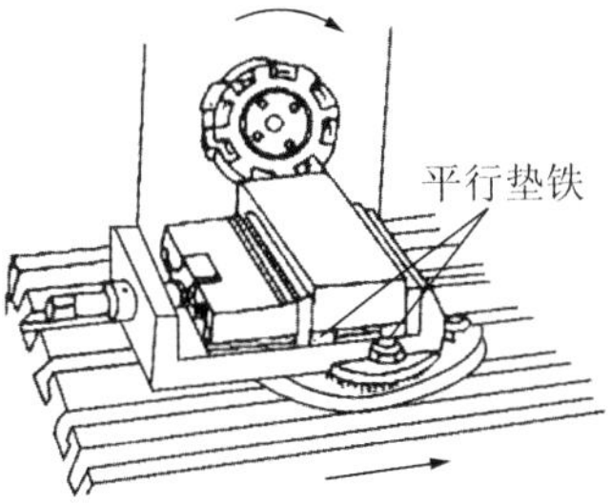 平行垫铁
将工件装夹在角铁上铣削垂直面	加工宽而长的工件，一般利用角铁来装夹。角铁的两个平面是互相垂直的，所以一个面与工作台台面平行，另一个面就与工作台台面垂直，就相当于固定钳口。装夹情况如图所示，两只 C 形夹代替了活动钳的夹紧作用	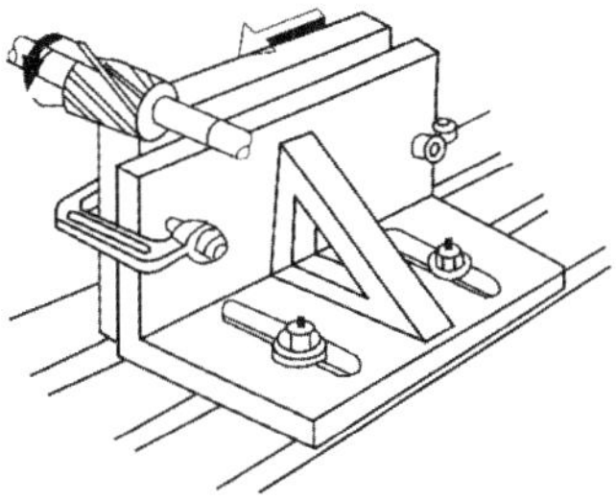
用压板将工件装夹在工作台上铣削垂直面	对于尺寸较大的工件，在卧式铣床上用面铣刀铣削较合适，其装夹情况如图所示。此时所铣的平面与基准面垂直的程度，取决于机床的精度和台面与基准面之间的清洁程度。因为机床的精度很高，而且基准面的接触面积大，又减少了夹具本身所引起的误差，因此采用这种加工方法，不仅操作简便，而且保证垂直度	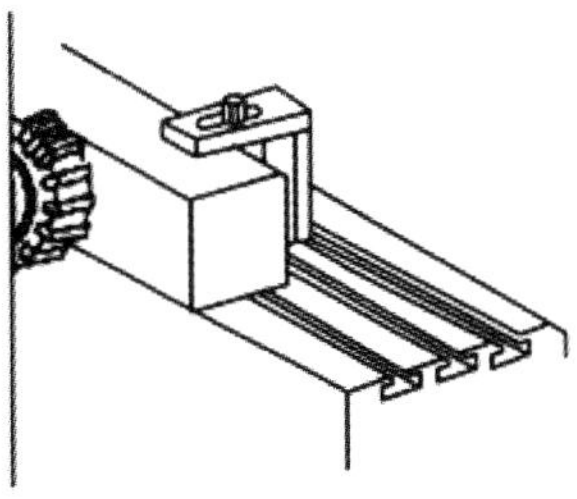

四、 平行面的铣削

平行面是指与基准面平行的平面。当工件基准面与工作台平行时，在立铣上用端面铣法或在卧铣上用圆周铣法均可铣出平行面。当工件基准面与工作台台面垂直，并与进给方向平行时，可在立铣上用圆周铣法或在卧铣上用端铣法铣出平行面。装夹工件时，为了使基准面位于上述位置，通常采用的方法见表 3-1-4。

表 3-1-4　平行面的铣削方法

内容	说明	简图
利用与基准面垂直的平面铣平行面	当工件上有垂直于基准面的平行面时，可利用这个平面进行装夹。工件在虎钳上装夹，可将该平面与固定钳口贴合，然后用铜锤轻敲顶面，使工件基准面与虎钳导轨面贴合，这时铣出的工件顶面即与基准面平行	
采用定位键使基准面与进给方向平行	采用定位键定位，这时用端铣刀铣出的平面即为平行面。由于采用这种装夹方法加工平面时，与垂直面的精度有密切关系，因而在加工前必须预先检查其垂直度，若不够准确则应进行修正或垫准	

→ **实践活动**

一、 实践条件

实践条件见表 3-1-5。

表 3-1-5　实践条件

类别	名称
设备	X5032 型立式升降台铣床、X6132 型卧式万能升降台铣床
刀具	面铣刀、圆柱铣刀
量具	游标卡尺、千分尺、钢直尺

二、实践步骤

铣削垂直面、平行面的实践步骤见表 3-1-6。

表 3-1-6 铣削垂直面、平行面的实践步骤

序号	步骤	操作	图示
1	装夹工件	将工件装夹在平口钳上，平口钳钳口方向与工作台纵向平行	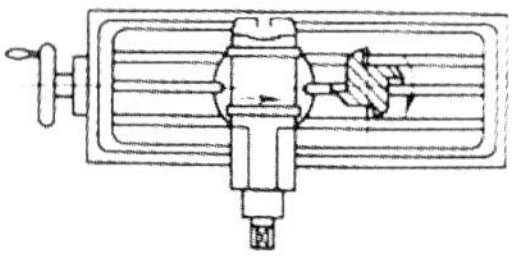
2	铣削基准面 1	移动工作台，调整铣刀位置，对刀，移距，自动进给铣削面 1。停车后，观察加工表面的表面粗糙度，并用刀口尺检验工件的平面度，合格后卸下工件，去除个棱边的毛刺。 $\phi 80$ 面铣刀参考切削用量： $n=475$ r/min，$V_f=118$ mm/min	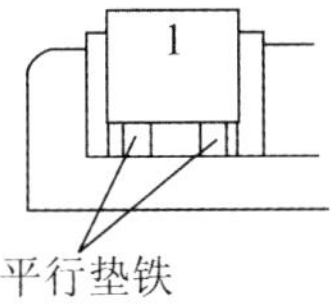 平行垫铁
3	装夹工件，铣削面 1 的相邻面 2	将工件的基准面 1 靠向固定钳口，并在工件与活动钳口中间位置之间加一根圆棒，夹紧工件；移动工作台，调整铣刀位置，对刀，移距，自动进给铣削面 2。停车后，观察加工表面的表面粗糙度，并用刀口尺检验工件的平面度，去除个棱边的毛刺，用刀口角尺检测铣削面 1 和面 2 之间的垂直度，合格后卸下工件	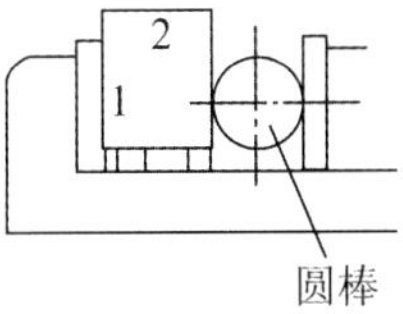 圆棒
4	装夹工件，铣削面 1 的相邻面，面 2 的对面 3	将工件的基准面 1 靠向固定钳口，铣削面 2 与等高垫块紧密接触，并在工件与活动钳口中间位置之间加一根圆棒，夹紧工件；移动工作台，调整铣刀位置，对刀，移距，自动进给铣削面 3。停车后，观察加工表面的表面粗糙度，并用刀口尺检验工件的平面度，去除个棱边的毛刺，用刀口角尺检测铣削面 1 和面 3 之间的垂直度，用带表卡尺或千分尺测量尺寸 20 ± 0.165，合格后卸下工件	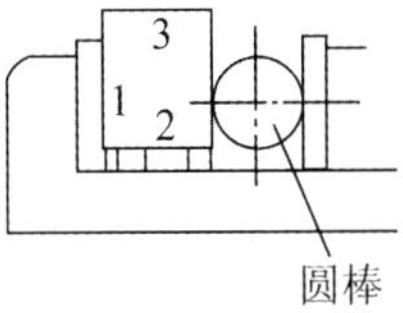 圆棒

续表

序号	步骤	操作	图示
5	装夹工件，铣削面 1 的对面 4	将工件的基准面 3 靠向固定钳口，铣削面 1 与等高垫块紧密接触，并在工件与活动钳口中间位置之间加一根圆棒，夹紧工件；移动工作台，调整铣刀位置，对刀，移距，自动进给铣削面 3。停车后，观察加工表面的表面粗糙度，并用刀口尺检验工件的平面度，去除个棱边的毛刺，用刀口角尺检测铣削面 1 和面 3 之间的垂直度，用带表卡尺或千分尺测量尺寸 30±0.2，合格后卸下工件	
6	加工后整理工作	加工完毕后，按照图样要求进行自检，正确放置零件，整理、清洁工位，对机床进行保养维护	（略）

→ 专业对话

1. 请分析垂直度超差的原因。

2. 铣削垂直面、平行面的实践步骤中（表 3-1-6），铣削面 2 和面 3 为什么用圆棒装夹？

→ 任务评价

考核标准见表 3-1-7。

表 3-1-7　考核标准

序号	检测内容	检测项目	分值/分	检测量具	自测结果	得分/分	教师检测结果	得分/分
1	客观评分 A（主要尺寸）	30±0.2	10					
2		20±0.165	10					

续表

序号	检测内容	检测项目	分值/分	检测量具	自测结果	得分/分	教师检测结果	得分/分
3	客观评分 A（几何公差与表面质量）	粗糙度 $Ra3.2$	10					
4		对基准 A 的垂直度 0.12	10					
5		对基准 A 的平行度 0.12	10					
6		对基准 B 的平行度 0.12	10					
7		平面度 0.08(4 处)	10					
8	主观评分 B（设备及工、量、刃具的维修使用）	工、量、刃具的合理使用与保养	10					
9		铣床的正确操作	10					
10		铣床的正确润滑	10					
11		铣床的正确保养	10					
12	主观评分 B（安全文明生产）	执行正确的安全操作规程	10					
13		正确"两穿两戴"	10					
14	客观评分 A 总分		70	客观评分 A 实际得分				
15	主观评分 B 总分		60	主观评分 B 实际得分				
16	总体得分率			评定等级				
评分说明	1. 评分由客观评分 A 和主观评分 B 两部分组成，其中客观评分 A 占 85%，主观评分 B 占 15%； 2. 客观评分 A 分值为 10 分、0 分，主观评分 B 分值为 10 分、9 分、7 分、5 分、3 分、0 分； 3. 总体得分率：（A 实际得分×85%＋B 实际得分×15%）/（A 总分×85%＋B 总分×15%）×100%； 4. 评定等级：根据总体得分率评定，具体为 AB≥92%=1，AB≥81%=2，AB≥67%=3，AB≥50%=4，AB≥30%=5，AB<30%=6							

→ 拓展活动 ————————————————————————————————●

选择题

1. 用圆周铣法铣平面时，造成平面度差的主要原因是铣刀（　　）。

A. 圆柱度差　　　　　　　　　　　　　B. 轴线与工作台台面不平行

C. 刀齿不锋利　　　　　　　　　　　　D. 转速过快

2. 主轴与工作台台面垂直的升降台铣床称为（　　）。

A. 立式铣床　　　　B. 卧式铣床　　　　C. 万能工具铣床　　　D. 炮塔铣床

3. 卧式铣床吊架的主要作用是（　　）。

A. 增加刀杆刚度　　　　　　　　　　　B. 紧固刀杆

C. 增加铣刀强度　　　　　　　　　　　D. 增加铣刀刚度

4. 各种通用铣刀大多数采用（　　）制造。

A. 特殊用途高速钢　　　　　　　　　　B. 通用高速钢

C. 硬质合金　　　　　　　　　　　　　D. 金刚石

5. 在铣床上用机床和平口钳装夹工件，其夹紧力是指向（　　）。

A. 活动钳口　　　　B. 虎钳导轨　　　　C. 固定钳口　　　　D. 丝杆

6. 在立式铣床上用端铣法加工短而宽的工件时，通常采用（　　）。

A. 对称铣削　　　　B. 逆铣　　　　　　C. 顺铣　　　　　　D. 不对称铣削

7. 对尺寸较大的工件，通常在（　　）铣削垂直面较合适。

A. 卧式铣床上用圆柱铣刀　　　　　　　B. 卧式铣床上用面铣刀

C. 立式铣床上用面铣刀　　　　　　　　D. 卧式铣床上用三面刃铣刀

8. 立式铣床主轴与工作台面不垂直，用横向进给铣削会铣出（　　）。

A. 平行或垂直面　　B. 斜面　　　　　　C. 凹面　　　　　　D. 凸面

9. 外径千分尺固定套筒上露出的读数为 15.5 mm，微分筒对准基准线数值为 37，则整个读数为（　　）。

A. 15.87 mm　　　　B. 15.37 mm　　　　C. 19.20 mm　　　　D. 52.5 mm

10. X6132 型铣床（　　）。

A. 不能铣齿轮　　　　　　　　　　　　B. 不能铣螺旋面

C. 不能铣特形面　　　　　　　　　　　D. 可以铣削齿轮、螺旋面、特形面

任务二 平行垫块的铣削

任务目标

加工如图 3-2-1 所示的零件，达到图样所规定的要求。

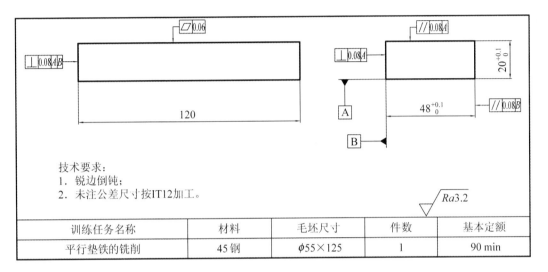

技术要求：
1. 锐边倒钝；
2. 未注公差尺寸按IT12加工。

$\sqrt{Ra3.2}$

训练任务名称	材料	毛坯尺寸	件数	基本定额
平行垫铁的铣削	45钢	$\phi 55 \times 125$	1	90 min

图 3-2-1 平行垫块的铣削

学习活动

一、平面度的检测

1. 刀口形直尺检测平面度

如图 3-2-2(a)所示，使用时，将刀口形直尺与被测量表面贴紧，并朝与刀口垂直的方向轻微摆动直尺，其摆动幅度为 15°左右，如图 3-2-2(b)所示。在摆动过程中，细致观察两者之间的透光缝隙大小，透过的缝隙即是被测表面的直线度误差。若透光细而均匀，则平面平行。用刀口形直尺测量平面的平面度或直线度时，除沿工件的纵向和横向检查外，还应沿对角线方向进行检查。

2. 调平比较检测法检测平面度

将被检测工件用小千斤顶或可调螺柱支撑在基准平板上，如图 3-2-3(a)(b)所示，这个基准平板是测量时作为依据的平面。接着使用百分表测头抵住被测表面，在基准平板上平稳移动百分表座，进行调平和比较。

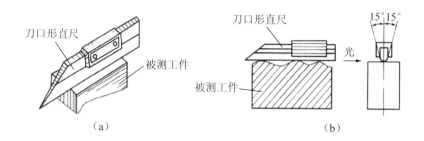

图 3-2-2　刀口形直尺检测平面度

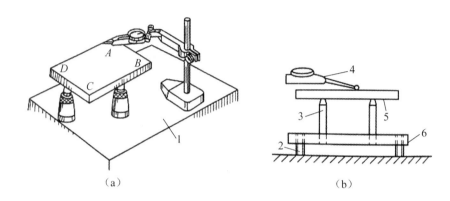

图 3-2-3　调平比较检测法检测平面度

1—基准平板；2—螺柱支撑；3—圆销支撑；4—百分表；5—工件；6—标准平板

调平比较时先使被测表面的两根对角线平行于基准平板，即使图 3-2-3(a)中 A 和 C 点相对于基准平板等高，然后检测 B 点和 D 点是否也相对于基准平板等高，根据百分表上的最大和最小读数之差检测工件的平面度误差是否在公差要求范围内。

二、垂直度的检测

1. 用角尺和塞尺检测垂直度

如图 3-2-4 所示为 90°角尺。90°角尺主要用来测量工件相邻表面的垂直度。如图 3-2-5(a)所示，使用时，90°角尺底座的一边与被测量面的基准贴合，观察 90°角尺另一边与被测量面的另一边是否贴合，若接触严密、不透光或透光细而均匀，则说明垂直度符合要求；否则，就有一定的误差。使用 90°角尺时要

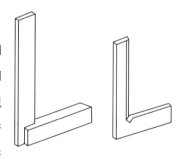

图 3-2-4　90°角尺

放正放好，如图 3-2-5(b)(c)(d)所示为不正确的使用方法。

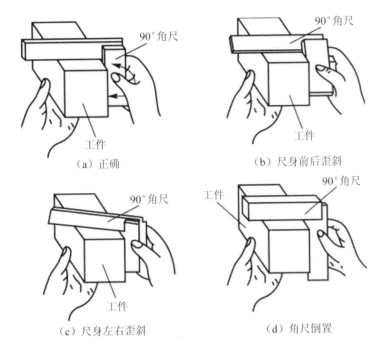

图 3-2-5 90°角尺的使用方法

用透光法测量只能根据经验判断垂直度是否合格，不能准确地读出误差数值。要想准确测量出垂直度的误差，可以将直角尺和塞尺配合使用，如图 3-2-6(b)所示。

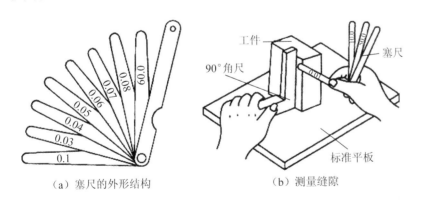

图 3-2-6 塞尺的外形结构与用法

塞尺又称为厚薄规或间隙片，是测量或检验两个结合面之间间隙大小的片状量规。如图 3-2-6(a)所示为塞尺的外形结构，它有两个平行的测量平面，其长度有 50 mm、100 mm 和 200 mm 等多种。塞尺有若干个不同厚度的片，可叠合起来装夹在夹板里。使用塞尺时，应根据间隙的大小选择塞尺的片数，可用一片或数片重叠在一起插入间隙内。厚度小的塞尺片很薄，容易弯曲和折断，插入时不能用力太大。用后要擦拭干净并及时合到夹板中去。

当被测量工件较大时，可将工件放在标准平板上，如图 3-2-7(a)所示。以平板为基准，直角尺与被测量表面接触后，若上部有缝隙，则 $\beta < 90°$，如图 3-2-7(b)所示；若下部有缝隙，则 $\beta > 90°$，如图 3-2-7(c)所示。

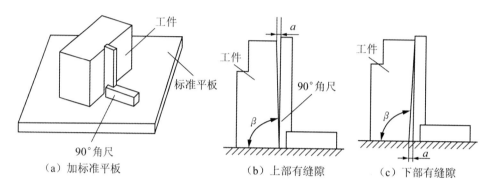

（a）加标准平板　　　　　（b）上部有缝隙　　　　　（c）下部有缝隙

图 3-2-7　使用 90°角尺测量大工件

2. 在平板上用指示表测量

对于垂直度要求较高的工件，检验方法是把标准角铁放在平板上，工件用 C 形夹把基准面和角铁贴合，工件下面垫以圆棒，用杠杆百分表测量，如图 3-2-8 所示。

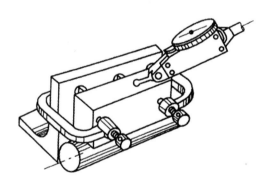

图 3-2-8　利用角铁和指示表测量垂直度

三、 平行度的检测

1.用千分尺或游标卡尺测量

用游标卡尺或外径千分尺测量工件的四角及中部，记录各部分尺寸的差值，即工件的平行度误差。

2.在平板上用指示表测量

把被测工件放在平板上，检验时，把工件在指示表下移动，根据指示表的度数，便可测出工件的平行度误差，如图3-2-9所示。用此方法还可测出两平行面之间的尺寸，只需用与两平行面理论值相等的两块将指示表归零，根据指示表的度数与量块的尺寸可以计算出两平行面间的实际尺寸。

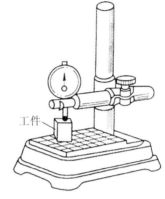
工件

图 3-2-9　用指示表测量平行度

四、 长方体的铣削方法

六面体铣削步骤见表3-2-1。

表 3-2-1　六面体铣削步骤

序号	步骤	操作	图示
1	装夹工件，铣削面1、2、3、4	具体操作见表3-1-6	
2	装夹工件，铣削面1的相邻面5	将工件的基准面1靠向固定钳口，轻轻夹紧工件，用直角尺找正面2余平口钳导轨面的垂直度，夹紧工件；移动工作台，调整铣刀位置，对刀，移距，自动进给铣削面5。停车后，观察加工表面的表面粗糙度，并用刀口尺检验工件的平面度，去除个棱边的毛刺，用刀口角尺检测铣削面1和面5之间的垂直度，合格后卸下工件	

续表

序号	步骤	操作	图示
3	装夹工件，铣削面 1 的相邻面 6	将工件的基准面 1 靠向固定钳口，铣削面 5 与等高垫块紧密接触，夹紧工件；移动工作台，调整铣刀位置，对刀，移距，自动进给铣削面 6。停车后，观察加工表面的表面粗糙度，并用刀口尺检验工件的平面度，去除个棱边的毛刺，用刀口角尺检测铣削面 1 和面 6 之间的垂直度，用带表卡尺或千分尺测量尺寸，合格后卸下工件	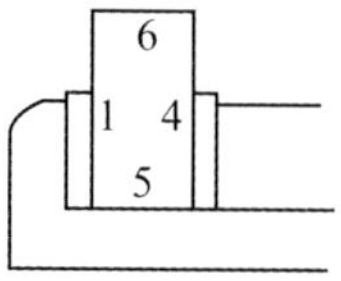

⊙ 实践活动

一、实践条件

实践条件见表 3-2-2。

表 3-2-2 实践条件

类别	名称
设备	X5032 型立式升降台铣床、X6132 型卧式万能升降台铣床
刀具	面铣刀、圆柱铣刀
量具	游标卡尺、千分尺、钢直尺

二、实践步骤

铣削平行垫块的实践步骤见表 3-2-3。

表 3-2-3 铣削平行垫块的实践步骤

序号	步骤	操作	图示
1	实践准备	安全教育，分析图样，工艺制定	（略）
2	面 1 的铣削	检验毛坯尺寸，将圆棒装夹在平口钳上，分层铣削面 1，直至平面宽度大于 45 mm，精加工面 1 达到表面质量要求 $Ra6.3$	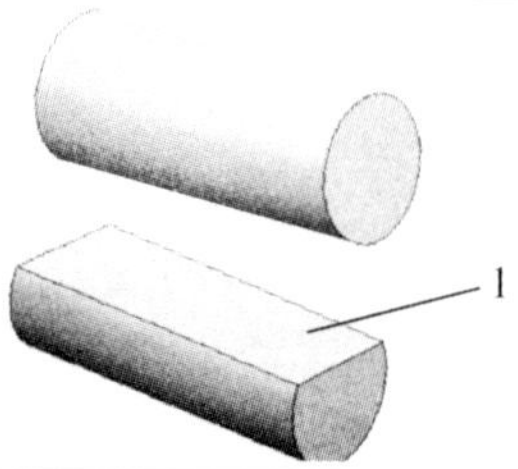

续表

序号	步骤	操作	图示
3	面 2 的铣削	以面 1 位精定位基准靠向固定钳口装夹，分层铣削面 2，直至平面宽度大于 18 mm，精加工面 2 达到表面质量要求 $Ra6.3$，并测量面 1 与 2 的垂直度，合格后，卸下工件	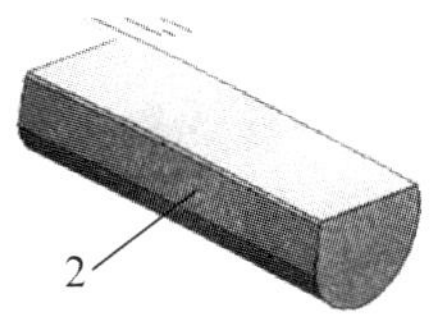
4	面 3 的铣削	以面 1 位精定位基准靠向固定钳口，面 2 与等高垫块紧密接触装夹工件，分层铣削面 3，直至面 2 与面 3 的距离为 45.5 mm，精加工面 3 达到表面质量要求 $Ra6.3$，并测量尺寸 $45_{-0.1}^{\ 0}$，合格后，卸下工件	
5	面 4 的铣削	以面 3 位精定位基准靠向固定钳口，面 1 与等高垫块紧密接触装夹工件，分层铣削面 4，直至面 1 与面 4 的距离为 18.5 mm，精加工面 4 达到表面质量要求 $Ra6.3$，并测量尺寸 $18_{-0.1}^{\ 0}$，合格后，卸下工件	
6	面 5 的铣削	以面 1 位精定位基准靠向固定钳口装夹，粗铣面 5，精加工面 5 达到表面质量要求 $Ra6.3$，并测量面 1 与面 5 的垂直度，合格后，卸下工件	
7	面 6 的铣削	以面 1 位精定位基准靠向固定钳口，面 5 与等高垫块紧密接触装夹工件，分层铣削面 6，直至面 5 与面 6 的距离为 120.5 mm，精加工面 6 达到表面质量要求 $Ra6.3$，并测量尺寸 120 ± 0.1，合格后，卸下工件	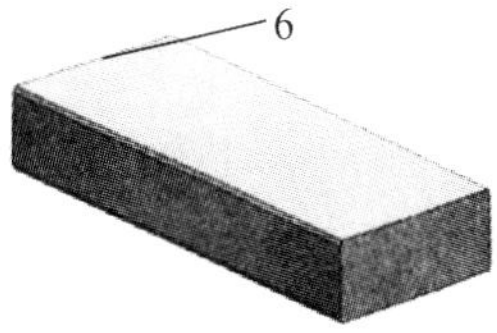
8	加工后整理工作	加工完毕后，按照图样要求进行自检，正确放置零件，整理、清洁工位，对机床进行保养维护	略

扫一扫：观看在铣床铣削六面体的学习视频。

→ **专业对话**

1. 铣削平行垫铁时(表 3-2-3)，面 2 和面 3 不平行，请分析原因。

2. 铣削平行垫铁时(表 3-2-3)，面 1 和面 5 不垂直，请分析原因。

→ **任务评价**

考核标准见表 3-2-4。

表 3-2-4 考核标准

序号	检测内容	检测项目	分值/分	检测量具	自测结果	得分/分	教师检测结果	得分/分
1	客观评分A（主要尺寸）	$48^{+0.1}_{0}$	10					
2		$20^{+0.1}_{0}$	10					
3		120	10					
4	客观评分A（几何公差与表面质量）	粗糙度 $Ra3.2$	10					
5		对基准 A 的垂直度 0.08	10					
6		对基准 A 的平行度 0.08	10					
7		对基准 B 的平行度 0.08	10					
8		对基准 A、B 的垂直度 0.08	10					
9		平面度 0.06(六处)	10					
10	主观评分B（设备及工、量、刃具的维修使用）	工、量、刃具的合理使用与保养	10					
11		铣床的正确操作	10					
12		铣床的正确润滑	10					
13		铣床的正确保养	10					
14	主观评分B（安全文明生产）	执行正确的安全操作规程	10					
15								
16		正确"两穿两戴"	10					
17	客观评分A总分		90	客观评分A实际得分				

续表

序号	检测内容	检测项目	分值/分	检测量具	自测结果	得分/分	教师检测结果	得分/分
18	主观评分B总分		60	主观评分B实际得分				
19	总体得分率			评定等级				
评分说明	1. 评分由客观评分A和主观评分B两部分组成，其中客观评分A占85%，主观评分B占15%； 2. 客观评分A分值为10分、0分，主观评分B分值为10分、9分、7分、5分、3分、0分； 3. 总体得分率：(A实际得分×85%＋B实际得分×15%)/(A总分×85%＋B总分×15%)×100%； 4. 评定等级：根据总体得分率评定，具体为AB≥92%＝1，AB≥81%＝2，AB≥67%＝3，AB≥50%＝4，AB≥30%＝5，AB<30%＝6							

→ **拓展活动**

选择题

1. 在用虎钳装夹铣削垂直面时，初次铣出的平面与基准面之间的夹角小于90°，则铜片应垫在固定钳口的（　　）。

A. 中部　　　　　B. 下部　　　　　C. 左部　　　　　D. 上部

2. 套式面铣刀与圆柱铣刀相比，主要区别是套式面铣刀具有（　　）。

A. 安装孔　　　　B. 端面齿刃　　　C. 螺旋齿刃　　　D. 装夹面

3. 较小直径的键槽铣刀是（　　）铣刀。

A. 圆柱直柄　　　B. 莫氏锥柄　　　C. 盘形带孔　　　D. 圆柱带孔

4. 平口虎钳、分度头、回转工作台、心轴属于（　　）夹具。

A. 通用

B. 专用

C. 有通用夹具也有专用

D. 组合

5. 用压板装夹工件时，螺栓应尽量靠近工件，压板数目一般不小于（　　）。

A. 4块　　　　　B. 3块　　　　　C. 2块　　　　　D. 5块

6. 用平口虎钳装夹加工精度要求较高的工件时，应用（　　）校正固定钳口与铣床主轴轴心线垂直或平行。

A. 百分表　　　　B. 90°角尺　　　C. 定位键　　　　D. 划针

7. 在立式铣床上端铣法铣削垂直面时，若用机用虎钳装夹工件，则应在（　　）与工件之间放置一根圆棒。

A. 活动钳口　　　　B. 固定钳口　　　　C. 导轨面　　　　D. 平行垫块

8. 铣削矩形工件时，铣好第一面后，按通常顺序应先加工（　　）。

A. 两端垂直面　　　　　　　　B. 对应平行面

C. 两侧垂直面　　　　　　　　D. 一个端面及其平行面

任务三　平口钳零件外形的铣削

任务目标

加工如图 3-3-1 所示的零件，达到图样所规定的要求。

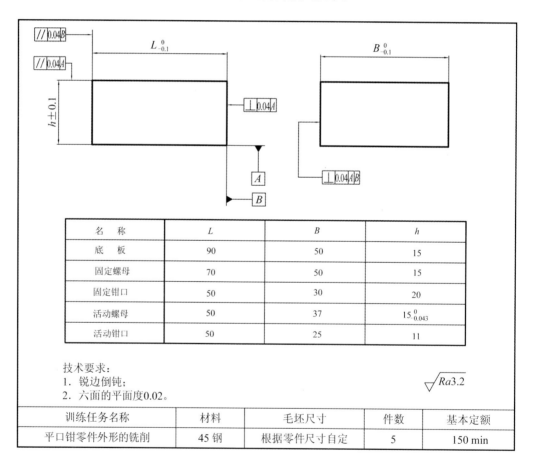

名　称	L	B	h
底　板	90	50	15
固定螺母	70	50	15
固定钳口	50	30	20
活动螺母	50	37	$15_{-0.043}^{0}$
活动钳口	50	25	11

技术要求：
1. 锐边倒钝；
2. 六面的平面度0.02。

$\sqrt{Ra3.2}$

训练任务名称	材料	毛坯尺寸	件数	基本定额
平口钳零件外形的铣削	45 钢	根据零件尺寸自定	5	150 min

图 3-3-1　平口钳零件外形的铣削

→ 学习活动 ●

一、铣削用量

铣削时的铣削用量由铣削速度 v_c、进给量 f 和背吃刀量（又称铣削深度）a_p 和侧吃刀量（又称铣削宽度）a_e 四要素组成，如图 3-3-2（a）（b）所示。

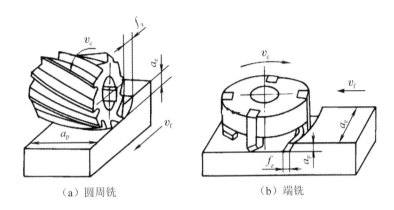

（a）圆周铣　　　　　　　　　（b）端铣

图 3-3-2　铣削用量

1. 铣削速度 v_c

铣削速度即铣刀最大直径处的线速度，可由下式计算

$$v_c = \frac{\pi \cdot d_0 \cdot n}{1\ 000}\ (\text{m/min}) \tag{3-3-1}$$

式中，d_0——铣刀直径（mm）；

　　　　n——铣刀转速（r/min）。

铣削时，根据工件的材料、铣刀切削部分材料、加工阶段的性质等因素，确定铣削速度，然后根据所用铣刀的规格（直径），按公式 3-2-2 计算并确定铣床主轴的转速。

$$n = \frac{1\ 000 v_c}{\pi \cdot d_0}\ (\text{r/min}) \tag{3-3-2}$$

例 3-3-1　在 X6132 型铣床上，用直径为 80 硬质合金面铣刀，以 100 m/min 的铣削速度进行铣削。铣床主轴转速应调整到多少？（精确到个位）

解：已知 $d_0 = 80$ mm，$v_c = 120$ m/min，则根据公式 3-3-2 得

$$n = \frac{1\ 000 \times 120}{3.14 \times 80} = 478\ \text{r/min}$$

答：根据铣床铭牌，铣床的主轴转速应调整到 450 r/min。

2. 进给量 f

铣削时，工件在进给运动方向上相对刀具的移动量即为铣削时的进给量。由于铣刀为多刃刀具，进给量有以下三种度量方法。

(1)每齿进给量 f_z，其单位为毫米每齿(mm/z)。

(2)每转进给量 f，其单位为毫米每转(mm/r)。

(3)每分钟进给量 v_f 又称进给速度，其单位为毫米每分钟(mm/min)。

上述三者的关系为

$$v_f = f \cdot n = f_z \cdot z \cdot n \quad (\text{mm/min}) \tag{3-3-3}$$

铣削时，根据加工性质，先确定每齿进给量 f_z，然后根据所选用铣刀的齿数 z 和转速计算出进给速度 v_f，并以此对铣床进给量进行调整(铣床铭牌上的进给量以进给速度 v_f 表示)。

例 3-3-2　用一把直径为 12 mm、齿数为 3 的立铣刀，在 X5032 型铣床上铣削，采用每齿进给量 f_z 为 0.04 mm/z，铣削速度 v_f 为 25 m/min。试调整铣床的转速和进给速度。(精确到个位)

解：已知 $d=12$ mm，$z=3$，$f_z=0.04$，$v_c=25$ m/min，则根据公式 3-3-2 得

$$n = \frac{1\ 000 \times 28}{3.14 \times 12} = 743 \text{ r/min}$$

根据铣床铭牌，实际选择转速为 750 r/min，根据公式 3-3-3 得

$$v_f = 0.04 \times 3 \times 750 = 90 \text{ mm/min}$$

根据铣床铭牌，实际选择转速为 98 mm/min。

3. 背吃刀量(铣削深度)a_p

背吃刀量为平行于铣刀轴线方向测量的切削层尺寸，单位为毫米(mm)。

4. 侧吃刀量(铣削宽度)a_e

侧吃刀量是垂直于铣刀轴线方向测量的切削层尺寸，单位为毫米(mm)。

二、 粗、精加工的概念

铣削工件，一般分为粗铣和精铣，粗铣去除大部分余量，精铣使零件达到图样要求。

1. 粗铣

在铣床动力条件允许的情况下，通常采用进刀深、进给量大、低转速的做法，用合理的时间尽快地把工件的余量去掉，因为粗铣对切削表面没有严格的要求，只需留出一定的精铣余量即可。由于粗铣切削力较大，工件必须装夹牢靠。粗铣的另一作用是可以及时地发现毛坯材料内部的缺陷、如夹渣、砂眼、裂纹等，也能消除毛坯工件内部残存的应力和防止热变形。

2. 精铣

精铣是铣削的末道工序，为了使工件获得准确的尺寸和规定的表面粗糙度，操作者在精铣时通常选用锋利些的铣刀，铣床的转速高一些，进给量选得小一些。

三、 铣削用量的选用

合理选择铣削用量，对提高劳动生产效率，改善工件表面粗糙度，保证加工几何精度以及延长刀具使用寿命，都有着密不可分的联系。

1. 铣削用量的选用原则

(1)要考虑铣刀的合理寿命和铣削力的影响。

(2)要考虑工件的加工几何精度。

(3)要考虑机床工艺系统的刚性。

2. 铣削用量的选择顺序

(1)要选用较大的背吃刀量。

(2)要选用较大的每齿进给量。

(3)要选用适宜的主轴转速。

3. 铣削用量的合理选用

(1)背吃刀量的选用。吃刀量应根据工件的加工余量大小以及工件所要求达到的表面粗糙度情况来确定，同时也应考虑被加工工件的材料等。在生产实际中，可参考表 3-3-1 来选用。

表 3-3-1　背吃刀量的选用　　　　　　　单位：mm

工件材料	高速钢铣刀		硬质合金铣刀	
	粗铣	精铣	粗铣	精铣
铸　铁	5～7	0.5～1	8～10	1～2
软　钢	＜5	0.5～1	＜12	1～2
中硬钢	＜4	0.5～1	＜7	1～2
硬　钢	＜3	0.5～1	＜4	1～2

（2）每齿进给量的选用。每齿进给量的选用应根据铣刀的强度、机床的工艺性能、夹具的刚性来确定。粗铣时，每齿进给量尽量取得大些；精铣时，一般选用较小的每齿进给量，同时也要考虑每转进给量。在实际生产中，可参考表 3-3-2 来选用。

表 3-3-2　每齿进给量的选用　　　　　　　单位：mm/z

刀具名称	高速钢铣刀		硬质合金铣刀-	
	铸铁件	钢件	铸铁件	钢件
圆柱铣刀	0.12～0.20	0.10～0.15	0.20～0.50	0.08～0.20
立铣刀	0.08～0.15	0.03～0.06	0.20～0.50	0.08～0.20
面铣刀	0.15～0.20	0.06～0.10	0.20～0.50	0.08～0.20
三面刃铣刀	0.15～0.25	0.06～0.08	0.20～0.50	0.08～0.20

（3）铣削速度的选用。合理的铣削速度是在保证加工质量和铣刀寿命的条件下确定的。粗铣时，应选用相对低一点的铣削速度；精铣时，应选用高一些的铣削速度，少数情况下会采用比粗铣时更低一些的速度。铣削速度可参考表 3-3-3 来选用。

表 3-3-3　铣削速度的选用　　　　　　　单位：m/min

工件材料	高速钢铣刀	硬质合金铣刀	说明
20	20～45	150～190	1. 粗铣时取小值，精铣时取大值
45	20～35	120～150	
40Cr	15～25	60～90	2. 工件材料强度和硬度较高时取小值；反之，则取大值
HT150	14～22	70～100	
黄铜	30～60	120～200	
铝合金	112～300	400～600	3. 刀具材料耐热性好时取大值；反之，则取小值
不锈钢	16～25	50～100	

➔ 实践活动

一、 实践条件

实践条件见表 3-3-4。

表 3-3-4　实践条件

类别	名称
设备	X5032 型立式升降台铣床、X6132 型卧式万能升降台铣床
刀具	面铣刀、圆柱铣刀
量具	游标卡尺、千分尺、钢直尺

二、 实践步骤

铣削平口钳零件外形的实践步骤见表 3-3-5。

表 3-3-5　铣削平口钳零件外形的实践步骤

序号	步骤	操作	图示
1	实践准备	安全教育，分析图样，工艺制定	（略）
2	铣削长方体	平口钳装夹工件，根据毛坯大小确定加工余量，按照长方体的加工工艺依次铣削六面，达到图样要求	
3	加工后整理、清洁	加工完毕后，正确放置零件，整理工、量具，清洁机床工作台	（略）

➔ 专业对话

1. 简述铣削长方体的其他工艺方法。

2. 粗加工和精加工的铣削用量有哪些不同？

➔ 任务评价

考核标准见表 3-3-6。

表 3-3-6 考核标准

序号	检测内容	检测项目	分值/分	检测量具	自测结果	得分/分	教师检测结果	得分/分
1	客观评分 A（主要尺寸）	$L_{-0.1}^{0}$	10					
2		$B_{-0.1}^{0}$	10					
3		$h\pm0.1$	10					
4	客观评分 A（几何公差与表面质量）	粗糙度 $Ra3.2$	10					
5		对基准 A 的垂直度 0.04	10					
6		对基准 A、B 的平行度 0.04	10					
7		对基准 B 的平行度 0.04	10					
8		对基准 A、B 的垂直度 0.04	10					
9		平面度 0.02（六处）	10					
10	主观评分 B（设备及工、量、刃具的维修使用）	工、量、刃具的合理使用与保养	10					
11		铣床的正确操作	10					
12		铣床的正确润滑	10					
13		铣床的正确保养	10					
14	主观评分 B（安全文明生产）	执行正确的安全操作规程	10					
15		正确"两穿两戴"	10					
16	客观评分 A 总分		90	客观评分 A 实际得分				
17	主观评分 B 总分		60	主观评分 B 实际得分				
18	总体得分率			评定等级				

续表

序号	检测内容	检测项目	分值/分	检测量具	自测结果	得分/分	教师检测结果	得分/分

评分说明

1. 评分由客观评分 A 和主观评分 B 两部分组成，其中客观评分 A 占 85%，主观评分 B 占 15%；

2. 客观评分 A 分值为 10 分、0 分，主观评分 B 分值为 10 分、9 分、7 分、5 分、3 分、0 分；

3. 总体得分率：(A 实际得分×85%＋B 实际得分×15%)/(A 总分×85%＋B 总分×15%)×100%；

4. 评定等级：根据总体得分率评定，具体为 AB≥92%=1，AB≥81%=2，AB≥67%=3，AB≥50%=4，AB≥30%=5，AB<30%=6

→ **拓展活动**

选择题

1. 一般而言，增大工艺系统的( )可有效地降低振动强度。

A. 刚度　　　　　B. 强度　　　　　C. 精度　　　　　D. 硬度

2. 减小表面粗糙度的方法是( )。

A. 减少切削速度 v　　　　　　B. 减少转速 n

C. 减少进给量 f　　　　　　D. 减少背吃刀量 a_p

3. 铣削用量中，对切削刀具磨损影响最大的是( )。

A. 铣削深度　　　　　　B. 铣削速度

C. 铣削速度　　　　　　D. 铣削宽度

4. 平面的质量主要从( )两个方面来衡量。

A. 平面度和表面粗糙度　　　　B. 平行度和垂直度

C. 表面粗糙度和垂直度　　　　D. 平行度和平面度

项目四

台阶的铣削

⊙ 项目导航

在机械加工中，有许多零件是带有台阶的，如阶梯垫铁、T 形螺母等，它们通常是铣床加工的。本项目任务主要介绍在卧式铣床和立式铣床上加工台阶、切断、对称度的测量和深度千分尺的使用方法。

⊙ 学习要点

1. 在卧式铣床上用三面刃铣刀铣削台阶。

2. 在立式铣床上用套式铣刀和立铣刀铣削台阶。

3. 在卧式铣床上进行切断。

4. 深度千分尺的使用。

5. 台阶对称度的测量。

任务一 阶梯凸台的铣削

⊙ 任务目标

加工如图 4-1-1 所示的零件，达到图样所规定的要求。

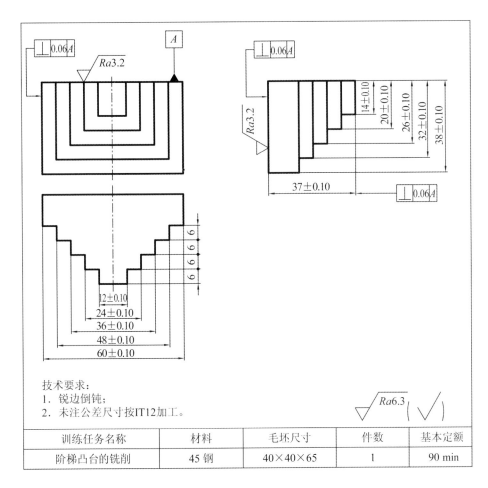

技术要求：
1. 锐边倒钝；
2. 未注公差尺寸按IT12加工。

训练任务名称	材料	毛坯尺寸	件数	基本定额
阶梯凸台的铣削	45 钢	40×40×65	1	90 min

图 4-1-1　阶梯凸台的铣削

➔ **学习活动**

一、台阶的铣削

台阶是铣削加工的主要内容之一，如图 4-1-2 所示。台阶主要由平面组成，这些平面除了具有较好的平面度和较小的表面粗糙度值以外，还具有较高的尺寸精度和位置精度。在卧式铣床上，台阶通常用三面刃铣刀进行铣削。

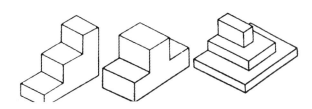

图 4-1-2　台阶的类型

二、 三面刃铣刀铣削台阶方法

1. 铣刀的选择

由于三面刃铣刀的直径和刀齿尺寸都比较大，容屑槽也较大，所以刀齿的强度大，排屑、冷却较好，生产效率较高，因此，在铣削宽度不太大(宽度＜25 mm)的台阶时，一般都采用三面刃铣刀。三面刃铣刀有普通直齿和错齿如图 4-1-3(a)、4-1-3(b)所示，以及直径大的错齿三面刃铣刀，大都镶齿，如图 4-1-3(c)所示。

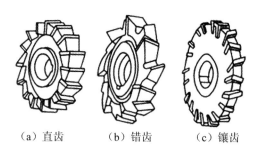

（a）直齿 　　（b）错齿 　　（c）镶齿

图 4-1-3 三面刃铣刀

三面刃铣刀的主切削刃分布在铣刀的圆柱面上，副切削刃分布在两端面上。在铣削加工时，三面刃铣刀的圆柱面刀刃起主要的切削作用，两个侧面刀刃起修光作用。从而改善了切削条件，提高了切削效率，减小了表面粗糙度。

在选三面刃铣刀时，应尽量选择错齿三面刃铣刀。三面刃铣刀的宽度应尽量大于所铣台阶面的宽度，以便在一次进给中铣出台阶的宽度。铣削中，为了使台阶的上平面能在回转的铣刀杆下通过(图 4-1-4)，三面刃铣刀直径 D 应根据台阶高度 t 来确定：

$$D > d + 2$$

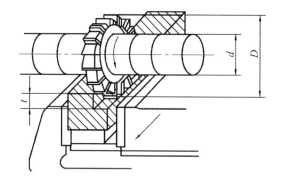

图 4-1-4 三面刃铣刀铣台阶

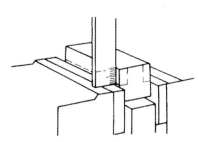

图 4-1-5 工件的装夹高度

2. 工件的装夹与校正

在装夹工件前，必须先校正机床和夹具。若采用平口钳装夹工件，应检测并校正其固定钳口面（夹具上的定位面）与主轴轴线垂直，同时也要与工作台纵向进给方向平行。否则，就会影响铣出台阶的加工质量。装夹工件时，应使工件的侧面（基准面）靠向固定钳口面，工件的底面靠向钳体导轨面，并将铣削的台阶底面略高出钳口上平面5 mm 左右，以免钳口被铣伤，如图 4-1-5 所示。

3. 用三面刃铣刀铣台阶的方法

三面刃铣刀铣削台阶见表 4-1-1。

表 4-1-1 三面刃铣刀铣削台阶

内容	说明	简图
用一把三面刃铣刀铣台阶	对刀方法 用旋转的铣刀侧刃试切工作侧面，切到工件，停止进给	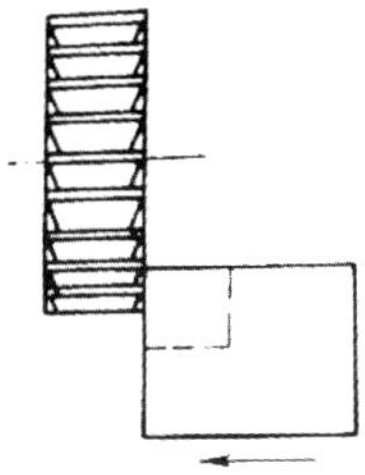
	垂直降下工件至铣刀离开工件	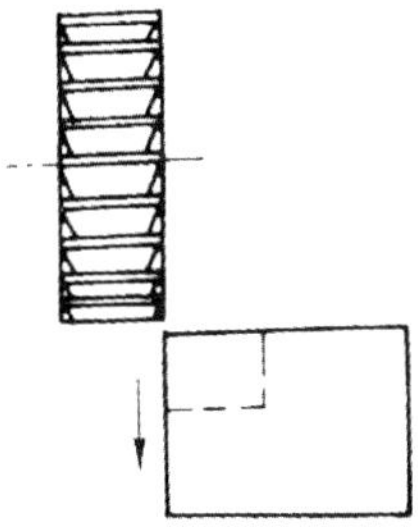
	按台阶宽度 B 横向移动工作台，并正面对刀	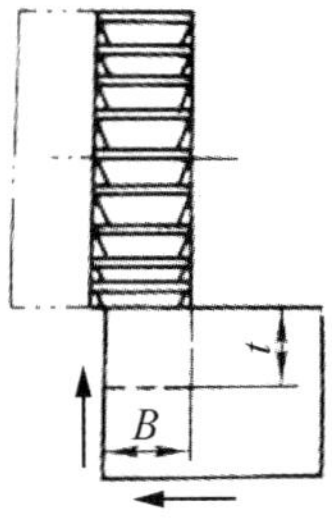

续表

内容		说明	简图
用一把三面刃铣刀铣台阶	对刀方法	纵向退出工件，然后上升工作台至 t 距离	
	铣一个台阶	三面刃铣刀铣台阶时只有圆柱面刀刃和一个侧面刀刃参加铣削，铣刀的一个侧面受力，就会使铣刀向不受力一侧偏让而产生"让刀"现象。尤其是较深的窄台阶，发生的"让刀"现象更为严重。因此，可采用分层法铣削。即每次将台阶的侧面留 0.5 mm～1 mm 余量，分次进给铣削台阶。最后一次进给时，将其底面和侧面同时铣削完成	0.5~1 铣削较深的台阶
	铣双面台阶	若铣削双面台阶，则先铣成一侧台阶，保证规定的尺寸要求。纵向退刀，将工作台横向移动一个距离 A，紧固横向进给，再铣出另一侧台阶。工作台横移距离 A 由台阶宽度 B 以及两台阶的距离 C 确定：$A=B+C$； 若是铣削相互对称的双面台阶，也可在一侧的台阶铣好后，将工件调转 $180°$ 重新装夹，再铣其另一侧面，这样可使台阶的对称性较好	A B C
用组合三面刃铣刀铣台阶	用组合铣刀铣台阶	成批生产时，常将两把三面刃铣刀组合起来铣削双面台阶。不仅可以提高生产效率，而且操作简单，并能保证加工的质量要求； 用组合铣刀铣台阶时，应注意仔细调整两把铣刀之间的距离，使其符合台阶凸台宽度尺寸的要求。同时，也要调整好铣刀与工件的铣削位置	

续表

内容		说明	简图
用组合三面刃铣刀铣台阶	铣刀的选择和调整	选择铣刀时，两把铣刀直径应相等，刀具宽度可以不等但要满足铣削要求（必要时将两把铣刀一起装夹，同时在磨床上刃磨其外圆柱面上的刀刃）两把铣刀内侧刀刃间的距离，由多个铣刀杆垫圈进行间隔调整。通过不同厚度垫圈的换装，使其符合台阶凸台宽度尺寸的铣削要求。在正式铣削之前，应使用废料进行试铣削，以确定组合铣刀符合工件的加工要求。装刀时，两把铣刀应错开半个刀齿，以减轻铣削中的振动	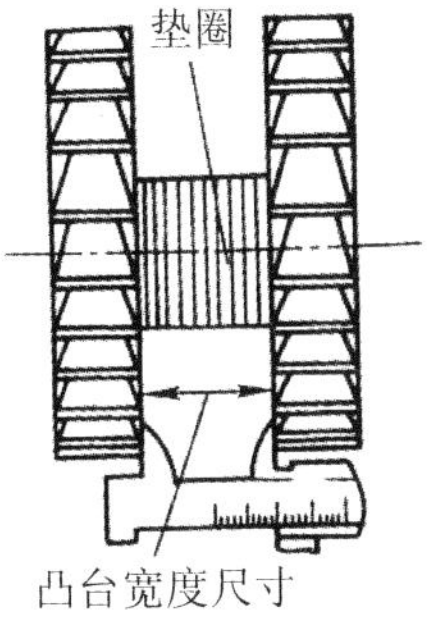 垫圈 凸台宽度尺寸

实践活动

一、实践条件

实践条件见表 4-1-2。

表 4-1-2 实践条件

类别	名称
设备	X6132 型卧式万能升降台铣床
刀具	面铣刀、圆柱铣刀、三面刃铣刀 $\phi 120 \times 15$
量具	游标卡尺、千分尺、钢直尺

二、实践步骤

铣削阶梯凸台的实践步骤见表 4-1-3。

表 4-1-3 铣削阶梯凸台的实践步骤

序号	步骤	操作	图示
1	实践准备	安全教育，分析图样，工艺制定	（略）
2	铣削长方体	平口钳装夹工件，根据毛坯大小确定加工余量，按照六面体的加工工艺依次铣削六面，达到图样要求	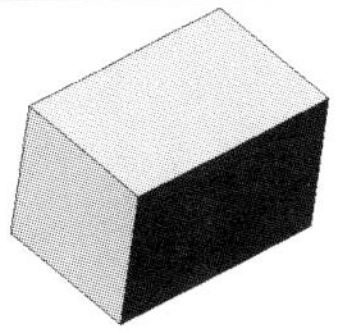

续表

序号	步骤	操作	图示
3	铣削第一个台阶	粗加工台阶；半精加工台阶的底面和侧面并测量，得出精加工的余量，根据余量纵向和竖直方向进给工作台，精加工台阶至图样尺寸。$\phi 120 \times 15$ 三面刃铣刀参考切削用量：$n = 375$ r/min, $a_c = 4$ mm, $v_f = 60$ mm/min	
4	铣削第二个台阶	按照步骤 2 的方法加工第二个台阶，保证图样要求	
5	铣削第三个台阶	将工件，旋转 90°装夹，按照步骤 2 的方法加工第三个台阶，保证图样要求	
6	加工后整理、清洁	加工完毕后，正确放置零件，整理工、量具，清洁机床工作台	略

扫一扫

扫一扫：观看在铣床上用三面刃铣刀铣削台阶的学习视频。

专业对话

1. 平口钳的固定钳口与卧式铣床的主轴轴线不垂直会对台阶造成哪些影响？

2. 铣削阶梯凸台时，怎样才能减小接刀的痕迹？

任务评价

考核标准见表 4-1-4。

表 4-1-4　考核标准

序号	检测内容	检测项目	分值/分	检测量具	自测结果	得分/分	教师检测结果	得分/分
1	客观	60±0.1						
2	评分 A	48±0.1						
3	(主要尺寸)	36±0.1						

续表

序号	检测内容	检测项目	分值/分	检测量具	自测结果	得分/分	教师检测结果	得分/分
4	客观评分A（主要尺寸）	24±0.1						
5		12±0.1						
6		38±0.1						
7		32±0.1						
8		26±0.1						
9		20±0.1						
10		14±0.1						
11		37±0.1						
12		6(4处)	10					
13	客观评分A（几何公差与表面质量）	粗糙度 Ra6.3	10					
14		对基准A的垂直度0.06(三处)	10					
15	主观评分B（设备及工、量、刃具的维修使用）	工、量、刃具的合理使用与保养	10					
16		铣床的正确操作	10					
17		铣床的正确润滑	10					
18		铣床的正确保养	10					
19	主观评分B（安全文明生产）	执行正确的安全操作规程	10					
20		正确"两穿两戴"	10					
21	客观评分A总分		140	客观评分A实际得分				
22	主观评分B总分		60	主观评分B实际得分				
23	总体得分率			评定等级				

评分说明

1. 评分由客观评分A和主观评分B两部分组成，其中客观评分A占85%，主观评分B占15%；

2. 客观评分A分值为10分、0分，主观评分B分值为10分、9分、7分、5分、3分、0分；

3. 总体得分率：(A实际得分×85%＋B实际得分×15%)/(A总分×85%＋B总分×15%)×100%；

4. 评定等级：根据总体得分率评定，具体为 AB≥92%＝1，AB≥81%＝2，AB≥67%＝3，AB≥50%＝4，AB≥30%＝5，AB<30%＝6

→ **拓展活动**

加工如图 4-1-6 所示的零件，达到图样所规定的要求。

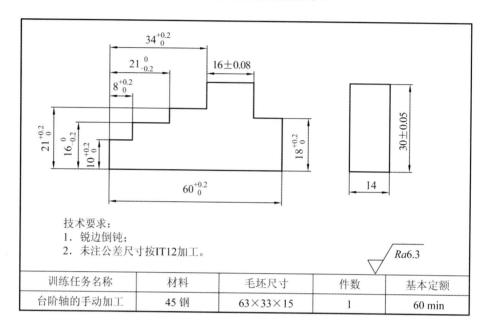

技术要求：
1. 锐边倒钝；
2. 未注公差尺寸按IT12加工。

$Ra6.3$

训练任务名称	材料	毛坯尺寸	件数	基本定额
台阶轴的手动加工	45 钢	63×33×15	1	60 min

图 4-1-6　台阶的铣削巩固练习一

任务二　T 形螺母的铣削

→ **任务目标**

加工如图 4-2-1 所示的零件，达到图样所规定的要求。

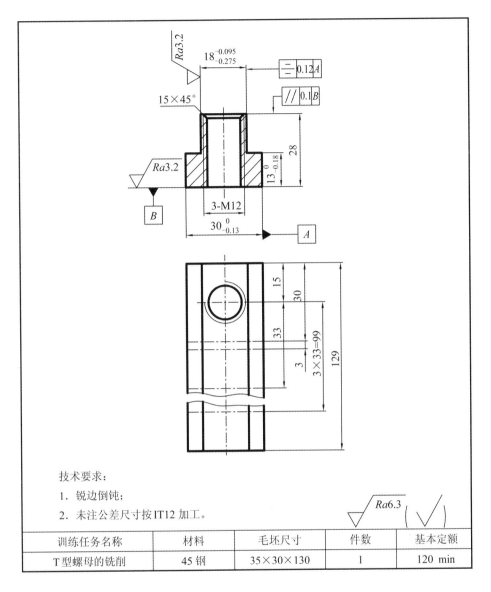

技术要求：

1. 锐边倒钝；

2. 未注公差尺寸按 IT12 加工。

训练任务名称	材料	毛坯尺寸	件数	基本定额
T 型螺母的铣削	45 钢	35×30×130	1	120 min

图 4-2-1   T 形螺母的铣削

⊙ **学习活动**

一、工件的切断

1. 锯片铣刀

在铣床上经常使用锯片铣刀铣窄槽或切断工件，如图 4-2-2 所示。锯片铣刀的刀齿有粗齿、中齿和细齿之分。粗齿锯片铣刀的齿数少，齿槽的容屑量大，主要用于切断工件。细齿锯片铣刀的齿数最多，齿更细，排列更密，但齿槽的容屑量最小。中齿和细齿锯片铣刀适用于切断较薄的工件，也常用于铣窄槽。

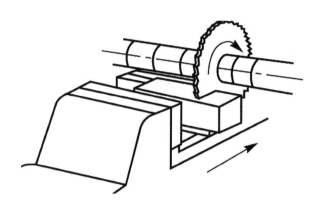

图 4-2-2　用锯片铣刀切断工件

用锯片铣刀切断时，主要选择锯片铣刀的直径和宽度。在能够将工件切断的前提下，尽量选择直径较小的锯片铣刀。铣刀直径 D 由铣刀杆垫圈直径 d 和工件切断厚度 t 确定，即

$$D > d + 2t$$

用于切断的铣刀的宽度应按其直径选用，铣刀直径大，铣刀的宽度值应选大一些；反之，铣刀直径小，铣刀的宽度值应选小一些。

2. 锯片铣刀的安装

锯片铣刀的直径大而宽度小，容易折断。安装锯片铣刀时应格外注意。

（1）当锯片铣刀切断工件所受的力不是很大时，在刀柄和铣刀之间一般不用键，而是使用刀柄螺母、垫圈和铣刀压紧在刀柄上。铣刀紧固后，依靠刀轴垫圈和铣刀两端面间的摩擦力，在铣刀旋转时切断工件。如果在刀柄和铣刀之间放了键，反而容易使锯片铣刀碎裂，因为当切削受力过大时，甚至超出了铣刀所能承受的力，无键状态则会使得刀片与刀柄打滑。安装锯片铣刀时，应尽量将铣刀靠近铣床床身，并且要严格控制铣刀的端面跳动及径向跳动。在铣削过程中，为了防止刀柄螺母受铣削力作用而旋松或越旋越紧，从而影响切断工作的平稳，可在铣刀与刀柄螺母之间的任一垫圈内，安装一段键，如图 4-2-3 所示。

（2）安装大直径锯片铣刀时，应在铣刀两端面采用大直径的垫圈，以增大其刚性和摩擦力。图 4-2-3 锯片铣刀的防松措施使铣刀工作更加平稳。

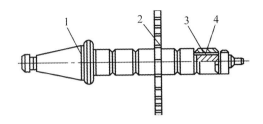

图 4-2-3 锯片铣刀的安装

1—刀轴；2—铣刀；3—垫圈；4—防松键

（3）为增强刀杆的刚性，锯片铣刀的安装应尽量靠近主轴端部或挂架。

（4）锯片铣刀安装后，应保证刀齿的径向圆跳动量和端面圆跳动量不超过规定的范围。

3．工件的装夹

工件的装夹必须牢固可靠，在切断工作中经常会因为工件的松动而使铣刀折断（俗称打刀）或工件报废，至发生安全事故。切断或切槽常用平口钳、压板或专用夹具等对工件进行装夹，见表 4-2-1。

表 4-2-1 切断时工件装夹

内容	说明	简图
用平口钳装夹工件	小型工件经常在平口钳上装夹。其固定钳口一般与主轴轴线平行，切削力应朝向固定钳口。工件伸出的长度要尽量短些，以铣刀不会铣伤钳口为宜。这样，可以充分增加工件的装夹刚性，并减少切削中的振动	
夹紧力方向	用平口钳装夹工件，无论是切断还是切槽，工件在钳口上的夹紧力方向应平行于进给方向，以避免工件夹刀	

续表

内容	说明	简图
用压板装夹工件	加工大型工件时，多采用压板装夹工件，压板的压紧点应尽可能靠近铣刀的切削位置，并校正定位靠铁与主轴轴线平行(或垂直)。工件的切缝应选在 T 形槽上方，以免铣伤工作台台面 切断薄而细长的工件时多采用顺铣，可使切削力朝向工作台台面，不需要太大的夹紧力	
用平口钳装夹短工件		工件 未加垫块，钳口受力不均匀　加装一个相同尺寸的垫块，使钳口受力均匀

4. 工件的切断

工件在切断或切槽时应尽量采用手动进给，进给速度要均匀。若采用机动进给，铣刀切入或切出还需要手动进给，进给速度不宜太快，并将不使用的进给机构锁紧。若切削钢件时应充分浇注切削液。工件的切断方法见表 4-2-2。

表 4-2-2　工件的切断方法

内容	说明	简图
铣刀的位置	切断工件时，为防止铣刀将工件抬起引起"打刀"，应尽量使铣刀圆周刀刃刚好与工件底面相切，或稍高于底面，即铣刀刚刚切透工件即可	正确　　　　错误

续表

内容	说明	简图
切断薄片	切断薄片时，一次装夹，可逐次切出几件工件。切断工件之前，将工作台按其位移量 A 横向移动一段切削距离，并锁紧横向进给机构。工作台位移量 A 等于铣刀宽度 L 与工件厚度 B 之和，即 $A=L+B$	
切断厚块	切断厚块时，一次装夹，只切下一件工件。铣刀的切削位置距离平口钳不可太远，又不能太近，以防铣伤平口钳。切断前，先将条料端部多伸出一些，使铣刀能划着工件，即再将工作台按其位移量 A 伸出，$A=L+B$	

5. 切断时的注意事项

(1)铣削之前应仔细检测并校正工作台的零位。

(2)铣刀用钝后应及时更换或刃磨，不允许使用磨钝的铣刀切断。

(3)密切观察铣削过程，若有异常，则应立即停止工作台进给，再停止主轴旋转，退工件。

三、 台阶的检测

对于一般精度的台阶类零件，可用游标卡尺检验各部位尺寸。对于精度要求较高的工件，可用外径千分尺和深度千分尺分别检验宽度和深度尺寸。用指示表和平板测量台阶侧面对基准面的平行度，并可用工件翻身法检测台阶侧面对工件宽度的对称度，如图 4-2-4 所示。

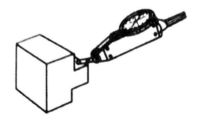

图 4-2-4 凸台对称度测量

实践活动

一、 实践条件

实践条件见表 4-2-3。

表 4-2-3 实践条件

类别	名称
设备	X6132 型卧式万能升降台铣床
刀具	面铣刀、圆柱铣刀、三面刃铣刀 $\phi 120 \times 15$、锯片铣刀 $\phi 120 \times 3$
量具	游标卡尺、千分尺、钢直尺

二、实践步骤

铣削 T 形螺母的实践步骤见表 4-2-4。

表 4-2-4 铣削 T 形螺母的实践步骤

序号	步骤	操作	图示
1	实践准备	安全教育，分析图样，工艺制定	略
2	铣削六面体	平口钳装夹工件，根据毛坯大小确定加工余量，按照六面体的加工工艺依次铣削六面，达到图样要求	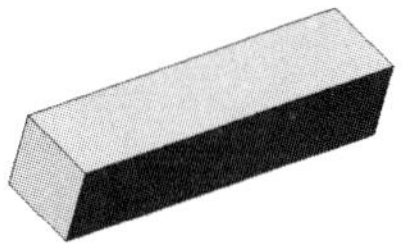
3	铣削一侧台阶	粗加工台阶；根据对称度计算公式计算出台阶的宽度尺寸，保证台阶的对称度；半精加工台阶的底面和侧面并测量，得出精加工的余量，根据余量纵向和竖直方向进给工作台，精加工台阶至图样尺寸	
4	铣削一侧台阶	按照步骤 2 的方法加工另一侧台阶，保证图样要求	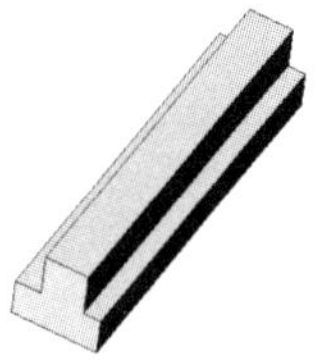
5	切断	工件用平口钳装夹，深处长度略大于 T 形螺母长度＋锯片铣刀宽度，切断工件。 锯片铣刀的参考切削用量： $n = 375$ r/min，$v_{\mathrm{f}} = 60$ mm/min	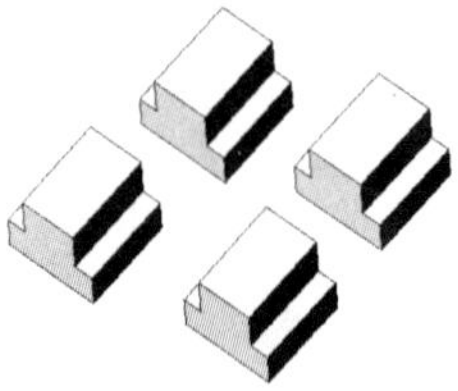

续表

序号	步骤	操作	图示
6	钻孔、攻螺纹	在平板上划线，确定孔的位置；平口钳装夹工件，根据划线位置钻孔，倒角；手动攻螺纹	
7	加工后整理、清洁	加工完毕后，正确放置零件，整理工、量具，清洁机床工作台	略

扫一扫：观看在铣床切断工件的学习视频。

扫一扫

专业对话

1. 如果要大批量生产 T 形螺母，采用哪种方式铣台阶效率最高？

2. T 形螺母在加工时，如何保证对称度？

3. 切断工件时，工件的装夹有哪些注意事项？

任务评价

考核标准见表 4-2-5。

表 4-2-5 考核标准

序号	检测内容	检测项目	分值/分	检测量具	自测结果	得分/分	教师检测结果	得分/分
1	客观评分 A（主要尺寸）	$30_{-0.13}^{0}$	10					
2		$30_{-0.18}^{0}$	10					
3		$18_{-0.275}^{-0.095}$	10					
4		28	10					
5		15	10					
6		30	10					
7		M12	10					
8		倒角 $1 \times 45°$	10					

续表

序号	检测内容	检测项目	分值/分	检测量具	自测结果	得分/分	教师检测结果	得分/分
9	客观评分 A（几何公差与表面质量）	粗糙度 $Ra6.3$	10					
10		粗糙度 $Ra3.2$	10					
11		对基准 A 的对称度 0.12	10					
12		对基准 B 的平行度 0.1	10					
13	主观评分 B（设备及工、量、刃具的维修使用）	工、量、刃具的合理使用与保养	10					
14		铣床的正确操作	10					
15		铣床的正确润滑	10					
16		铣床的正确保养	10					
17	主观评分 B（安全文明生产）	执行正确的安全操作规程	10					
18								
19		正确"两穿两戴"	10					
20	客观评分 A 总分		120	客观评分 A 实际得分				
21	主观评分 B 总分		60	主观评分 B 实际得分				
22	总体得分率			评定等级				
评分说明	1. 评分由客观评分 A 和主观评分 B 两部分组成，其中客观评分 A 占 85％，主观评分 B 占 15％； 2. 客观评分 A 分值为 10 分、0 分，主观评分 B 分值为 10 分、9 分、7 分、5 分、3 分、0 分； 3. 总体得分率：（A 实际得分×85％＋B 实际得分×15％）/（A 总分×85％＋B 总分×15％）×100％； 4. 评定等级：根据总体得分率评定，具体为 AB≥92％＝1，AB≥81％＝2，AB≥67％＝3，AB≥50％＝4，AB≥30％＝5，AB＜30％＝6							

➜ 拓展活动

加工如图 4-2-5 所示的零件，达到图样所规定的要求。

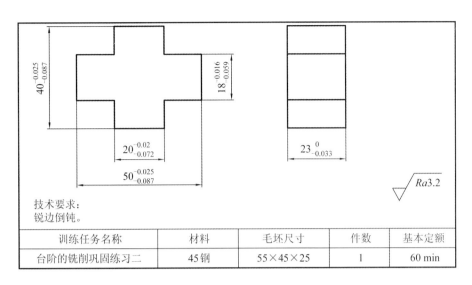

技术要求：
锐边倒钝。

训练任务名称	材料	毛坯尺寸	件数	基本定额
台阶的铣削巩固练习二	45钢	55×45×25	1	60 min

图 4-2-5　台阶的铣削巩固练习二

任务三　平口钳零件台阶的铣削

任务目标

加工如图 4-3-1、图 4-3-2 所示的零件，达到图样所规定的要求。

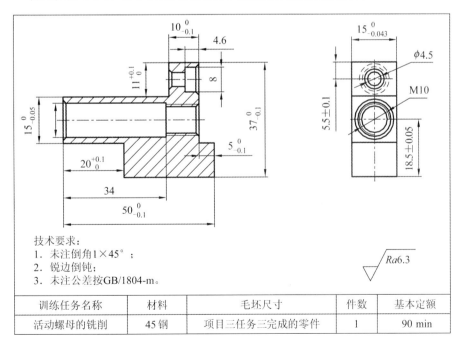

技术要求：
1. 未注倒角1×45°；
2. 锐边倒钝；
3. 未注公差按GB/1804-m。

训练任务名称	材料	毛坯尺寸	件数	基本定额
活动螺母的铣削	45钢	项目三任务三完成的零件	1	90 min

图 4-3-1　活动螺母的铣削

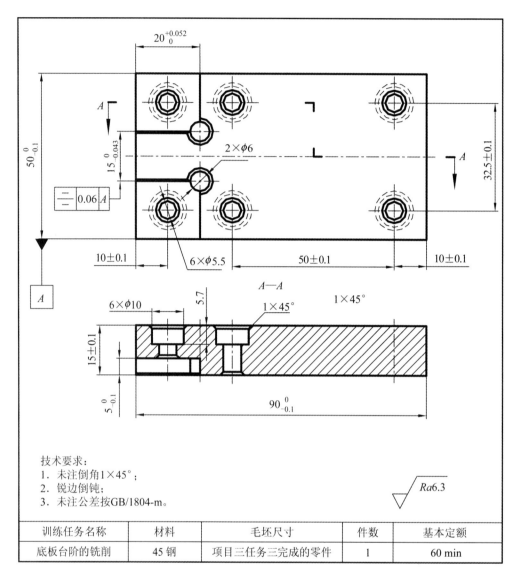

图 4-3-2 底板台阶的铣削

（→）**学习活动**

一、 在立式铣床上用立铣刀铣削台阶

立铣刀铣削台阶的方法见表 4-3-1。

表 4-3-1 立铣刀铣削台阶的方法

内容	说明	简图
工件的装夹与校正	用套式立铣刀或立铣刀铣台阶，在装夹工件时，应先校正工件的基准面与工作台进给方向平行或垂直。使用平口钳装夹工件时，先要校正固定钳口面与工作台进给方向平行或垂直。若铣削倾斜的台阶时，则按其纵向倾斜角度校正固定钳口面与工作台进给方向倾斜	进给方向
用套式立铣刀铣削台阶	宽而浅的台阶工件，常用套式立铣刀在立式铣床上进行加工。端铣刀刀杆刚性强，切削平稳，加工质量好，生产效率高。端铣刀的直径 D 应按台阶宽度尺寸 B 选取 $D \approx 1.5 B$	
用立铣刀铣削台阶	窄而深的台阶或内台阶工件，常用立铣刀在立式铣床上加工。由于立铣刀的刚性较差，铣削时，铣刀容易产生"让刀"现象，甚至造成铣刀折断。因此，一般分层次粗铣，最后将台阶的宽度和深度精铣至要求。在条件许可的情况下，应选用直径较大的立铣刀铣台阶，以提高铣削效率	

二、 台阶铣削的缺陷和注意事项

台阶铣削的缺陷和注意事项见表 4-3-2。

表 4-3-2 台阶铣削的缺陷和注意事项

内容	说明	简图
台阶铣削的缺陷和注意事项	凸台平面与台阶平面不平行，会影响台阶高度尺寸	

续表

内容	说明	简图
台阶铣削的缺陷和注意事项	铣床主轴轴线、工作台进给方向和夹具的定位面校正，都会影响台阶的形状精度	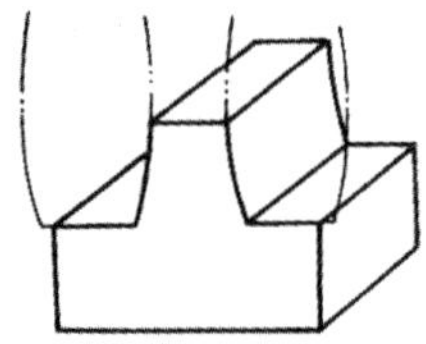 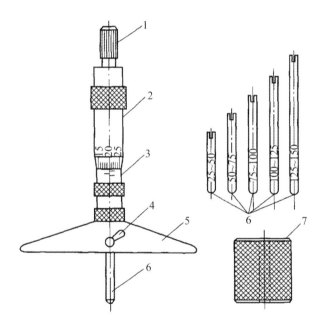

三、 深度千分尺的使用

1. 深度千分尺的结构

深度千分尺是应用螺旋副传动原理将回转运动变为直线运动的一种量具。深度千分尺由测力装置、微分筒、固定套管、锁紧装置、基座、测量杆等组成，如图 4-3-3 所示。

图 4-3-3　深度千分尺的结构

1—测力装置；2—微分筒；3—固定套管

4—锁紧装置；5—基座；6—测量杆；7—校准块

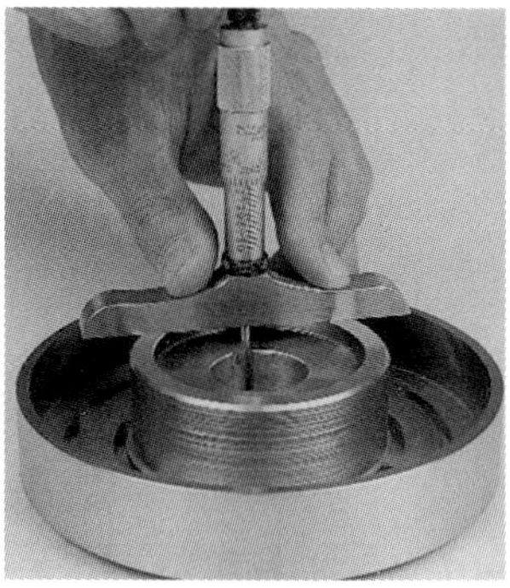

图 4-3-4　深度千分尺的使用

2. 深度千分尺使用的注意事项

深度千分尺是机械制造业中用于测量工件的孔或槽的深度以及台阶高度的计量器

具，如图 4-3-4 所示。使用深度千分尺时，应注意以下几点。

(1)先目测下尺身上是否有锈蚀、碰伤、毛刺、镀层脱落及明显划痕现象，各非工作面不应有镀层脱落现象。各刻线应清晰、均匀，如有影响准确度的其他缺陷，需用干布、酒精等擦拭干净或修复。

(2)各活动部件的作用应灵活、平稳、无卡滞现象，零位的调整要保证顺利和可靠，锁紧装置的作用应切实有效。

(3)使用前，用量块在大理石上进行校准。受检点应至少均匀分布于示值范围的 5 点，如 5.12 mm、10.14 mm、15.36 mm、21.5 mm、25 mm。每一受检点必须用两组相同尺寸的量块(实际尺寸差不超过 2 μm)进行校准，如图 4-3-5 所示。

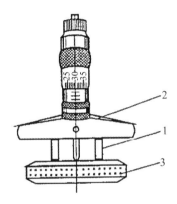

图 4-3-5 深度千分尺的校准

1—量块；2—深度千分尺；3—大理石平板

(4)更换测量杆。深度千分尺除首先装上 0～25 mm 的测量杆，按上述 5 点进行校准，在千分尺零位不作调整的情况下，依次安装上其他测量杆，并以测量杆下限尺寸的两级量块(实际尺寸差不超过 1.2 μm)进行校准。

➔ 实践活动 ────────────────────────

一、 实践条件

实践条件见表 4-3-3。

表 4-3-3　实践条件

类别	名称
设备	X5032 型立式升降台铣床
刀具	面铣刀、立铣刀 $\phi 12/\phi 10/\phi 8/\phi 6$
量具	游标卡尺、千分尺、钢直尺

二、 实践步骤

铣削活动螺母的实践步骤见表 4-3-4。

表 4-3-4　铣削活动螺母的实践步骤

序号	步骤	操作	图示
1	实践准备	安全教育，分析图样，工艺制定	（略）
2	阶台的铣削一	平口钳装夹工件，粗加工台阶 1 和台阶 2，底面与侧面分别留 0.5 mm～1 mm 的余量，同时半精加工其中一个台阶的底面和侧面，测量台阶的尺寸，确定精加工余量，根据加工余量纵向、竖直方向进给工作台，精加工台阶至图样尺寸，另一个台阶用相同的方法加工至尺寸。$\phi 12$ 立铣刀参考切削用量：$n=750$ r/min，$a_p=6$ mm，$v_f=118$ mm/min	台阶1　台阶2
3	阶台的铣削二	平口钳装夹工件，粗加工台阶 3，底面与侧面分别留 0.5 mm～1 mm 的余量，同时半精加工台阶的底面和侧面，测量台阶的尺寸，确定精加工余量，根据加工余量纵向、竖直方向进给工作台，精加工台阶至图样尺寸，另一个台阶用相同的方法加工至尺寸	台阶3
4	钻孔、攻螺纹	在平板上划线，确定孔的位置；平口钳装夹工件，根据划线位置钻孔，倒角；手动攻螺纹	
5	加工后整理、清洁	加工完毕后，正确放置零件，整理工、量具，清洁机床工作台	略

扫一扫：观看在铣床上用立铣刀铣削台阶的学习视频。

扫一扫

专业对话

1. 三面刃铣刀铣削出的台阶侧面与工件外形侧面不平行，请分析原因？

2. 立铣刀铣台阶时，加工出的表面很粗糙，请分析原因？

任务评价

1. 活动螺母的考核标准见表 4-3-5。

表 4-3-5　考核标准

序号	检测内容	检测项目	分值/分	检测量具	自测结果	得分/分	教师检测结果	得分/分
1	客观评分 A（主要尺寸）	$15_{-0.05}^{0}$	10					
2		$11_{0}^{+0.1}$	10					
3		$10_{-0.1}^{0}$	10					
4		$5_{-0.1}^{0}$	10					
5		$20_{0}^{+0.1}$	10					
6		M10	10					
7		$\phi 11$	10					
8		34	10					
9		18.5 ± 0.05	10					
10		$\phi 4.5$	10					
11		5.5 ± 0.1	10					
12		8	10					
13		4.6	10					
14		倒角 $C\times45°$	10					
15	客观评分 A（几何公差与表面质量）	粗糙度 $Ra6.3$	10					

续表

序号	检测内容	检测项目	分值/分	检测量具	自测结果	得分/分	教师检测结果	得分/分
16	主观评分B（设备及工、量、刃具的维修使用）	工、量、刃具的合理使用与保养	10					
17		车床的正确操作	10					
18		车床的正确润滑	10					
19		车床的正确保养	10					
20	主观评分B（安全文明生产）	执行正确的安全操作规程	10					
21		正确"两穿两戴"	10					
22	客观评分A总分		150	客观评分A实际得分				
23	主观评分B总分		60	主观评分B实际得分				
24	总体得分率			评定等级				
评分说明	1. 评分由客观评分A和主观评分B两部分组成，其中客观评分A占85％，主观评分B占15％； 2. 客观评分A分值为10分、0分，主观评分B分值为10分、9分、7分、5分、3分、0分； 3. 总体得分率：（A实际得分×85％＋B实际得分×15％)/（A总分×85％＋B总分×15％)×100％； 4. 评定等级：根据总体得分率评定，具体为 AB≥92％＝1，AB≥81％＝2，AB≥67％＝3，AB≥50％＝4，AB≥30％＝5，AB＜30％＝6							

2. 底板台阶的考核标准见表 4-3-6。

表 4-3-6　考核标准

序号	检测内容	检测项目	分值/分	检测量具	自测结果	得分/分	教师检测结果	得分/分
1	客观评分A（主要尺寸）	$20_{0}^{+0.052}$（两处）	10					
2		$15_{-0.043}^{0}$	10					
3		$5_{-0.1}^{0}$	10					
4		$6\times\phi5.5$	10					
5		$6\times\phi10$	10					
6		10 ± 0.1	10					
7		50 ± 0.1	10					

续表

序号	检测内容	检测项目	分值/分	检测量具	自测结果	得分/分	教师检测结果	得分/分
8	客观评分 A（主要尺寸）	32.5±0.1	10					
9		5.7	10					
10		倒角 0.5×45°	10					
11		倒角 1×45°	10					
12	客观评分 A（几何公差与表面质量）	粗糙度 $Ra6.3$	10					
13		对基准 A 的对称度 0.06	10					
14	主观评分 B（设备及工、量、刃具的维修使用）	工、量、刃具的合理使用与保养	10					
15		车床的正确操作	10					
16		车床的正确润滑	10					
17		车床的正确保养	10					
18	主观评分 B（安全文明生产）	执行正确的安全操作规程	10					
19		正确"两穿两戴"	10					
20	客观评分 A 总分		130	客观评分 A 实际得分				
21	主观评分 B 总分		60	主观评分 B 实际得分				
22	总体得分率			评定等级				

评分说明	1. 评分由客观评分 A 和主观评分 B 两部分组成，其中客观评分 A 占 85%，主观评分 B 占 15%； 2. 客观评分 A 分值为 10 分、0 分，主观评分 B 分值为 10 分、9 分、7 分、5 分、3 分、0 分； 3. 总体得分率：（A 实际得分×85%＋B 实际得分×15%）/（A 总分×85%＋B 总分×15%）×100%； 4. 评定等级：根据总体得分率评定，具体为 AB≥92%＝1，AB≥81%＝2，AB≥67%＝3，AB≥50%＝4，AB≥30%＝5，AB<30%＝6

拓展活动

加工如图 4-3-6 所示的零件，达到图样所规定的要求。

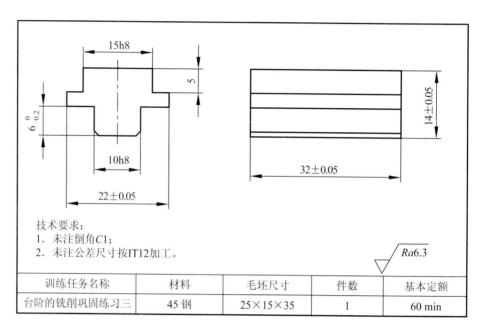

技术要求:
1. 未注倒角C1;
2. 未注公差尺寸按IT12加工。

$\sqrt{Ra6.3}$

训练任务名称	材料	毛坯尺寸	件数	基本定额
台阶的铣削巩固练习三	45 钢	25×15×35	1	60 min

图 4-3-6　台阶的铣削巩固练习三

项目五
沟槽的铣削

➔ 项目导航

在机械加工中，有许多零件是带有沟槽的，它们通常是由铣床加工的。本项目主要介绍在卧式和立式铣床上铣削直角沟槽的方法、内测千分尺的使用方法以及沟槽的检测方法。

➔ 学习要点

1. 在卧式铣床上用三面刃铣刀铣削沟槽。

2. 在立式铣床上用键槽铣刀和立铣刀铣削沟槽。

3. 内测千分尺的使用。

4. 沟槽的测量。

任务一 **十字沟槽的铣削**

➔ 任务目标

加工如图 5-1-1 所示的零件，达到图样所规定的要求。

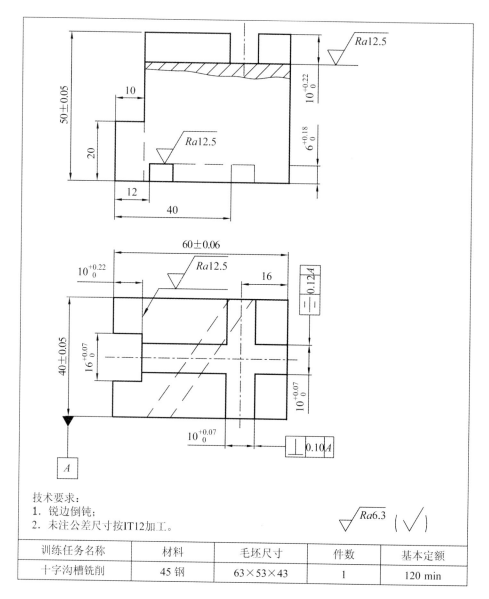

技术要求：
1. 锐边倒钝；
2. 未注公差尺寸按IT12加工。

$\sqrt{Ra6.3}$ ($\sqrt{}$)

训练任务名称	材料	毛坯尺寸	件数	基本定额
十字沟槽铣削	45 钢	63×53×43	1	120 min

图 5-1-1　十字沟槽铣削

⊙ **学习活动**

一、直角沟槽

直角沟槽有通槽、半通槽（亦称半封闭槽）和封闭槽三种形式，如图 5-1-2 所示。直角沟槽由三个平面组成，相邻两平面之间相互垂直，两侧面相互平行。直角通槽主要用三面刃铣刀铣削，也可以用立铣刀、合成铣刀铣削。目前，采用可转位刀片的三面刃铣刀进行高质量、高效率的沟槽铣削也较普遍。半通槽和封闭槽通常采用立铣刀或键槽铣刀进行铣削，半封闭直角沟槽则须根据封闭端的形式，采用不同的铣刀进行加工。

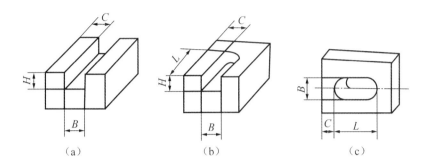

图 5-1-2　直角沟槽的种类

二、　通槽铣削

这种沟槽的铣削方法与铣削阶台基本相同。当槽宽较窄，深度较深时，通常采用三面刃铣刀加工，如图 5-1-3 所示。三面刃铣刀直径大、齿数多、刚性好以及具有较好的排屑和散热条件，因此，刀具寿命长，加工出的槽测面表面粗糙度较小并有较好的直线度。故对于直通槽或槽底允许保留铣刀圆弧的半通槽，应尽可能用三面刃铣刀来加工。若直角沟槽宽度大于 25 mm，多采用立铣刀进行铣削，如图 5-1-4 所示。

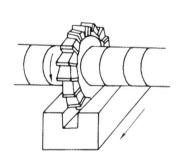

图 5-1-3　三面刃铣刀铣通槽

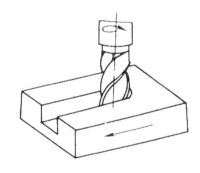

图 5-1-4　立铣刀铣通槽

1. 三面刃铣刀铣削通槽的方法

三面刃铣刀铣削通槽见表 5-1-1。

表 5-1-1 三面刃铣刀铣削通槽

内容	说明	简图
铣刀的选择	所选三面刃铣刀刀齿的宽度 $B \leqslant B'$，铣刀直径 $D > d+2H$	 B—铣刀宽度； B'—沟槽宽度； D—铣刀直径； d—刀轴垫圈直径； H—凸台深度
工件的装夹	通槽与固定钳口平行装夹	
	通槽与固定钳口垂直装夹	
侧面对刀的方法	平行于侧面的直角通槽工件，在装夹校正之后所采用的对刀方法与铣削台阶时的对刀方法基本相同 　　将回转的三面刃铣刀的侧面刀刃轻擦工件侧面后，垂直降落工作台，使工作台横向移动一个等于铣刀宽度 L 加工件侧面到槽侧面距离 C 的位移量 A，即 $A=L+C$。将横向进给紧固后，按槽的深度上升调整工作台，即可对工件进行铣削	 侧面对刀法

续表

内容	说明	简图
划线对刀的方法	在工件的加工部位划出敞开式直角沟槽的尺寸线和位置线,装夹校正工件后,调整铣床,使三面刃铣刀侧面切削刃对准工件上所划的宽度线,将横向进给紧固,分次进给铣出直角沟槽	铣刀 工件

2. 三面刃铣刀铣削直角沟槽的注意事项

由于直角沟槽的尺寸精度和位置精度的要求一般都比较高,因此在铣削过程中应注意以下几点。

(1)要注意铣刀的轴向摆差,以免造成沟槽宽度尺寸超差。

(2)在槽宽需分几刀铣至尺寸时,要注意铣刀单面切削时的让刀现象。

(3)若工作台零位不准,铣出的直角沟槽会出现上宽下窄的现象,并使两侧面呈弧形凹面。

(4)在铣削过程中,不能中途停止进给,也不能退回工件。因为在铣削中,整个工艺系统的受力是有规律和方向性的,一旦停止进给,铣刀原来受到的铣削力发生变化,必然使铣刀在槽中的位置发生变化,从而使沟槽的尺寸发生变化。

(5)铣削与基准面呈倾斜角度的直角沟槽时,应将沟槽校正到与进给方向平行的位置再加工。

3. 立铣刀铣通槽

用立铣刀铣通槽时,所选择的立铣刀直径应等于或小于槽的宽度。由于立铣刀的刚性较差,铣削时易产生"偏让"现象,甚至使铣刀折断。在铣削较深的槽时,可用分层铣削的方法,先粗铣至槽的深度尺寸,再扩铣至槽的宽度尺寸。扩铣时,应尽量避免顺铣。

⊙→ **实践活动**

一、 **实践条件**

实践条件见表 5-1-2。

表 5-1-2 实践条件

类别	名称
设备	X5032 型立式升降台铣床、X6132 型卧式万能升降台铣床
刀具	面铣刀、圆柱铣刀、三面刃铣刀 $\phi 100 \times 8$、立铣刀 $\phi 12/\phi 10/\phi 8/\phi 6$
量具	游标卡尺、千分尺、钢直尺

二、实践步骤

铣削十字沟槽的实践步骤见表 5-1-3。

表 5-1-3 铣削十字沟槽的实践步骤

序号	步骤	操作	图示
1	实践准备	安全教育,分析图样,工艺制定	
2	铣削六面体	平口钳装夹工件,根据毛坯大小确定加工余量,按照六面体的加工工艺依次铣削六面,达到图样要求	
3	铣削十字槽	粗加工十字槽,槽的两侧面和底面各留 0.5 mm 余量;半精加工槽的底面并测量,得出底面精加工的余量,根据余量竖直方向进给工作台,精加工槽底至图样尺寸;此时,铣床的升降台保持不动,半精加工槽的一侧,确定精加工余量,横向或纵向移动工作台,精加工沟槽侧壁,同样的方法精加工另一侧面 $\phi 8$ 立铣刀参考切削用量:$n = 950$ r/min, $a_p = 5$ mm, $v_f = 118$ mm/min	
4	铣削台阶和通槽	粗加工台阶和沟槽;半精加工台阶的底面和侧面并测量,得出精加工的余量,根据余量纵向和竖直方向进给工作台,精加工台阶至图样尺寸;保持升降台不变,半精加工槽的一侧,确定精加工余量,横向或纵向移动工	

续表

序号	步骤	操作	图示
		作台，精加工沟槽侧壁，同样的方法精加工另一侧面。 $\phi 12$ 立铣刀参考切削用量：$n=750$ r/min，$a_p=6$ mm，$v_f=118$ mm/min	
5	铣削斜槽	用高度游标卡尺划出斜槽的加工线；装夹工件，旋转平口钳一定的角度使沟槽与铣床的进给方向平行；粗加工沟槽留 0.5 mm 余量，半精加工，测量确定将加工余量，精加工沟槽至图样要求	
6	加工后整理、清洁	加工完毕后，正确放置零件，整理工、量具，清洁机床工作台	略

扫一扫：观看在铣床上铣削通槽的学习视频。

专业对话

1. 在卧式铣床 X6132 上铣削一个槽宽 12 mm、槽深 15 mm 的直角通槽，请选择一把合适的三面刃铣刀。

2. 请分析用立铣刀精加工沟槽侧壁时尽量避免顺铣的原因是什么。

任务评价

考核标准见表 5-1-4。

表 5-1-4 考核标准

序号	检测内容	检测项目	分值/分	检测量具	自测结果	得分/分	教师检测结果	得分/分
1	客观评分 A（主要尺寸）	60 ± 0.06	10					
2		50 ± 0.05	10					
3		40 ± 0.05	10					
4		$10^{+0.07}_{0}$（两处）	10					
5		$10^{+0.22}_{0}$	10					
6		$16^{+0.07}_{0}$	10					

序号	检测内容	检测项目	分值/分	检测量具	自测结果	得分/分	教师检测结果	得分/分
7	客观评分A（主要尺寸）	$10_{-0.22}^{0}$	10					
8		20	10					
9		12	10					
10		40	10					
11		6.5	10					
12		$6_{0}^{+0.18}$	10					
13	客观评分A（几何公差与表面质量）	粗糙度 $Ra6.3$	10					
14		粗糙度 $Ra12.5$	10					
15		对基准 A 的垂直度0.1	10					
16		对基准 A 的对称度0.1	10					
17	主观评分B（设备及工、量、刃具的维修使用）	工、量、刃具的合理使用与保养	10					
18		车床的正确操作	10					
19		车床的正确润滑	10					
20		车床的正确保养	10					
21	主观评分B（安全文明生产）	执行正确的安全操作规程	10					
22		正确"两穿两戴"	10					
23	客观评分A总分		160	客观评分A实际得分				
24	主观评分B总分		60	主观评分B实际得分				
25	总体得分率			评定等级				

评分说明	1. 评分由客观评分A和主观评分B两部分组成，其中客观评分A占85%，主观评分B占15%； 2. 客观评分A分值为10分、0分，主观评分B分值为10分、9分、7分、5分、3分、0分； 3. 总体得分率：（A实际得分×85%＋B实际得分×15%）/（A总分×85%＋B总分×15%）×100%； 4. 评定等级：根据总体得分率评定，具体为AB≥92%＝1，AB≥81%＝2，AB≥67%＝3，AB≥50%＝4，AB≥30%＝5，AB<30%＝6

加工如图 5-1-5 所示的零件，达到图样所规定的要求。

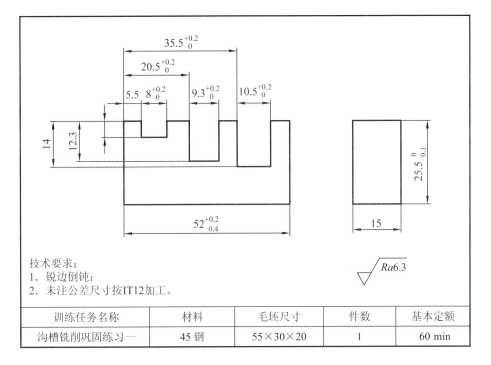

技术要求：
1. 锐边倒钝；
2. 未注公差尺寸按IT12加工。

$\sqrt{Ra6.3}$

训练任务名称	材料	毛坯尺寸	件数	基本定额
沟槽铣削巩固练习一	45 钢	55×30×20	1	60 min

图 5-1-5　沟槽铣削巩固练习一

任务二　平面键槽的铣削

加工如图 5-2-1 所示的零件，达到图样所规定的要求。

一、用立铣刀铣削半通式、封闭槽

1. 立铣刀铣削半通式、封闭槽的方法

立铣刀铣削半通式、封闭槽见表 5-2-1。

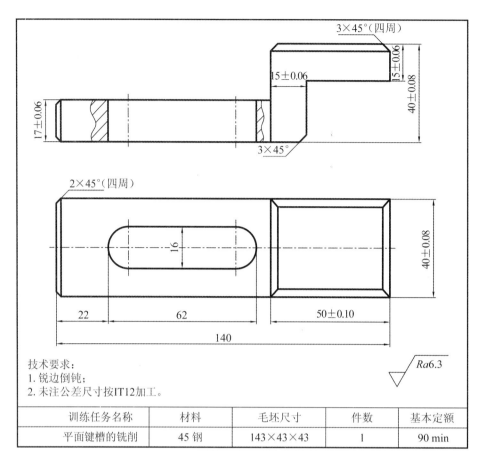

图 5-2-1　平面键槽的铣削

训练任务名称	材料	毛坯尺寸	件数	基本定额
平面键槽的铣削	45 钢	143×43×43	1	90 min

技术要求：
1. 锐边倒钝；
2. 未注公差尺寸按IT12加工。

表 5-2-1　立铣刀铣削半通式、封闭槽

内容	说明	简图
铣半通槽	用立铣刀铣半通槽	

续表

内容	说明	简图
铣封闭槽	立铣刀端面刀刃的中心部分不能垂直进给铣削工件。在加工封闭槽之前，应先在槽的一端预钻一个落刀孔，落刀孔的深度略大于沟槽的深度，其直径小于所铣槽宽度的0.5～1 mm	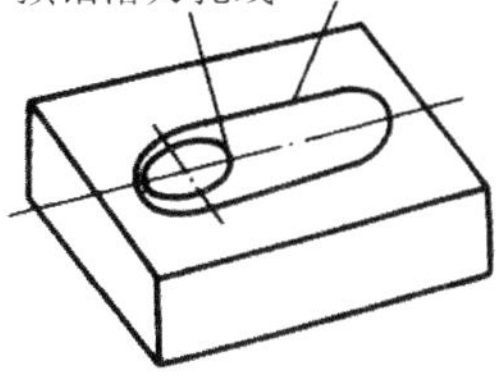 预钻落刀孔线　封闭槽加工线
	由落刀孔落下铣刀进行铣削，铣削时，应分几次进给，每次进给都由落刀孔一端铣向另一端，槽深达到要求后，再扩铣两侧。铣削时，不使用的进给机构应紧固（如使用纵向铣削时，应锁紧横向进给机构。反之，则锁紧纵向进给机构），扩铣两侧时应避免顺铣	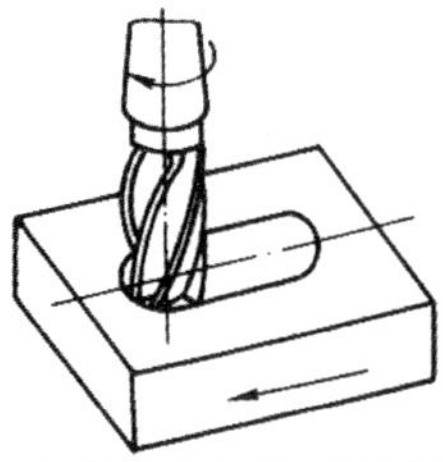 在落刀孔位置开始铣削

2. 封闭式直角沟槽加工时应注意事项

(1)校正后的沟槽方向应与进给方向一致。

(2)立铣刀适宜加工两端封闭、底部穿通及槽宽精度要求较低的直角沟槽，如各种压板上的穿通槽等。由于立铣刀的端面切削刃不通过中心，因此，加工封闭式直角沟槽时，要在起刀位置预钻落刀孔。

(3)立铣刀的强度及铣削刚度较差，容易产生"让刀"现象或折断，使槽壁在深度方向出现斜度，所以，加工较深的槽时应分层铣削，进给量要比三面刃铣刀小一些。

(4)对于尺寸较小、槽宽要求较高及深度较浅的封闭式直角沟槽，可采用键槽铣刀加工。铣刀的强度、刚度都较差时，应考虑分层铣削。分层铣削时，应在槽的一端吃刀，以减小接刀痕迹。当采用自动进给功能进行铣削时，不能一直铣到头，必须预先停止，改用手动进给方式走刀，以免铣过有效尺寸，造成报废。

二、 用键槽铣刀铣削半通槽、 封闭槽

加工精度较高、深度较浅的半封闭式及封闭直角沟槽时，可用键槽铣刀。键槽铣刀的端刃过中心，加工封闭槽时，无须落刀孔，能直接垂直进刀切削工件，如图 5-2-2。

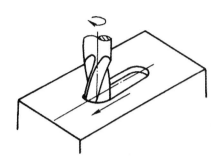

图 5-2-2 用键槽铣刀铣削封闭槽

三、 直角沟槽铣削的质量分析

1. 影响尺寸精度的因素

(1)用立铣刀和键槽铣刀采用"定尺寸刀具法"铣削沟槽时，铣刀的直径尺寸及其磨损、铣刀的圆柱度和铣刀的径向圆跳动等会产生以下影响。

(2)三面刃铣刀的端面圆跳动太大，使槽宽尺寸铣大；径向圆跳动太大，使槽深铣深。

(3)使用立铣刀或键槽铣刀铣沟槽时，产生"让刀"现象，或来回多次切削工件，将槽宽铣大。

(4)测量不准或摇错刻度盘数值。

2. 影响位置精度的因素

(1)工作台"零位"不准，使工作台纵向进给运动方向与铣床主轴轴线不垂直，用三面刃铣刀铣削时，将沟槽两侧面铣成弧形凹面，且呈上宽下窄(两侧面不平行)。

(2)机用虎钳固定钳口未找正，使工件侧面(基准面)与进给运动方向不一致，铣出的沟槽歪斜(槽侧面与工件侧面不平行)。

(3)选用的平行垫铁不平行，工件底面与工作台面不平行，铣出的沟槽底面与工件底面不平行，槽深不一致。

(4)对刀时，工作台横向位置调整不准；扩铣时将槽铣偏；测量时，尺寸测量不准确，按测量值调整铣削使槽铣偏；铣削时，由于铣刀两侧受力不均(如两侧切削刃锋利程度不等)或单侧受力，铣床主轴轴承的轴向间隙较大，以及铣刀刚性不够，使得铣刀向一侧偏让等。

3. 影响形状精度的因素

用立铣刀和键槽铣刀铣削沟槽时，影响形状精度的主要因素是铣刀的圆柱度。

→ **实践活动** ———————————————————————————————————●

一、 实践条件

实践条件见表 5-2-2。

表 5-2-2 实践条件

类别	名称
设备	X5032 型立式升降台铣床
刀具	面铣刀、立铣刀 $\phi 12 / \phi 10 / \phi 8 / \phi 6$
量具	游标卡尺、千分尺、钢直尺

二、 实践步骤

平面键槽的铣削步骤见表 5-2-3。

表 5-2-3 平面键槽的铣削步骤

序号	步骤	操作	图示
1	实践准备	安全教育，分析图样，工艺制定	
2	铣削六面体	平口钳装夹工件，根据毛坯大小确定加工余量，按照六面体的加工工艺依次铣削六面，达到图样要求	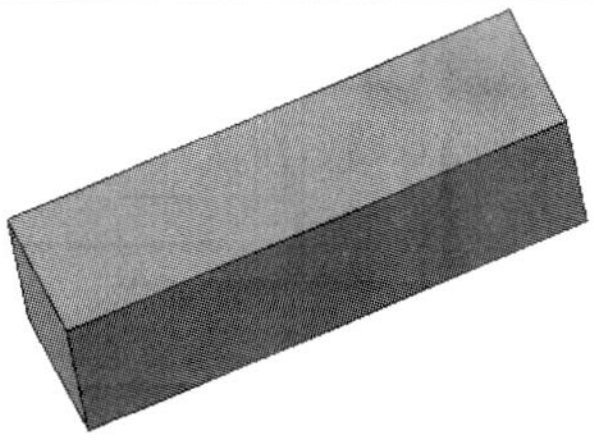
3	铣削台阶	粗加工台阶；半精加工台阶的底面和侧面并测量，得出精加工的余量，根据余量纵向和竖直方向进给工作台，精加工台阶至图样尺寸	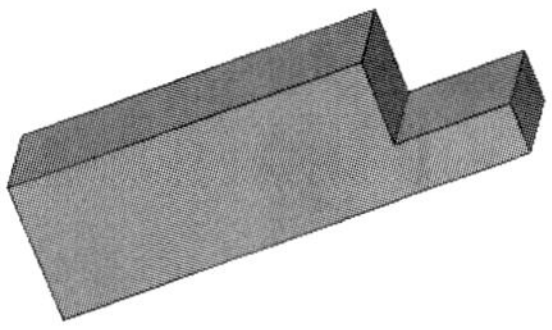

续表

序号	步骤	操作	图示
4	划线、钻落刀孔	高度尺划出孔的位置以及槽的形状；中心钻定位，麻花钻钻孔	
5	铣削封闭槽	粗加工封闭槽，加工深度比槽深略大，以便铣削台阶后，槽能够全部铣穿	
6	铣削另一台阶	粗加工台阶；半精加工台阶的底面和侧面并测量，得出精加工的余量，根据余量纵向和竖直方向进给工作台，精加工台阶至图样尺寸	
7	倒角加工	手动锉削倒角至图样尺寸	
8	加工后整理、清洁	加工完毕后，正确放置零件，整理工、量具，清洁机床工作台	（略）

扫一扫：观看在铣床上铣削封闭槽的学习视频。

→ **专业对话** ————————————————————————

1. 用立铣刀加工一个宽度为 12 mm、深度为 10 mm 的封闭槽，落刀孔的直径和深度是多少？

2. 简述立铣刀和键槽铣刀的区别。

→ **任务评价** ————————————————————————

考核标准见表 5-2-4。

表 5-2-4　考核标准

序号	检测内容	检测项目	分值/分	检测量具	自测结果	得分/分	教师检测结果	得分/分
1	客观评分 A（主要尺寸）	40 ± 0.08	10					
2		40 ± 0.08	10					
3		15 ± 0.06	10					
4		15 ± 0.06	10					
5		50 ± 0.1	10					
6		17 ± 0.06	10					
7		140	10					
8		16	10					
9		62	10					
10		22	10					
11		倒角 $3\times45°$	10					
12		（两处）						
13		倒角 $2\times45°$	10					
14	客观评分 A（几何公差与表面质量）	粗糙度 $Ra6.3$	10					
15	主观评分 B（设备及工、量、刃具的维修使用）	工、量、刃具的合理使用与保养	10					
16		车床的正确操作	10					
17		车床的正确润滑	10					
18		车床的正确保养	10					
19	主观评分 B（安全文明生产）	执行正确的安全操作规程	10					
20		正确"两穿两戴"	10					
21	客观评分 A 总分		130	客观评分 A 实际得分				
22	主观评分 B 总分		60	主观评分 B 实际得分				
23	总体得分率			评定等级				

续表

序号	检测内容	检测项目	分值/分	检测量具	自测结果	得分/分	教师检测结果	得分/分
评分说明	1. 评分由客观评分 A 和主观评分 B 两部分组成,其中客观评分 A 占 85%,主观评分 B 占 15%; 2. 客观评分 A 分值为 10 分、0 分,主观评分 B 分值为 10 分、9 分、7 分、5 分、3 分、0 分; 3. 总体得分率:(A 实际得分×85%+B 实际得分×15%)/(A 总分×85%+B 总分×15%)×100%; 4. 评定等级:根据总体得分率评定,具体为 AB≥92%=1,AB≥81%=2,AB≥67%=3,AB≥50%=4,AB≥30%=5,AB<30%=6							

→ 拓展活动

加工如图 5-2-3 所示的零件,达到图样所规定的要求。

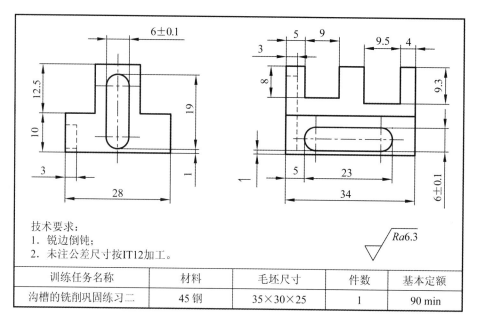

技术要求:
1. 锐边倒钝;
2. 未注公差尺寸按IT12加工。

$\sqrt{Ra6.3}$

训练任务名称	材料	毛坯尺寸	件数	基本定额
沟槽的铣削巩固练习二	45 钢	35×30×25	1	90 min

图 5-2-3　沟槽的铣削巩固练习二

任务三　平口钳零件沟槽的铣削

→ 任务目标

加工如图 5-3-1 至图 5-3-4 所示的零件,达到图样所规定的要求。

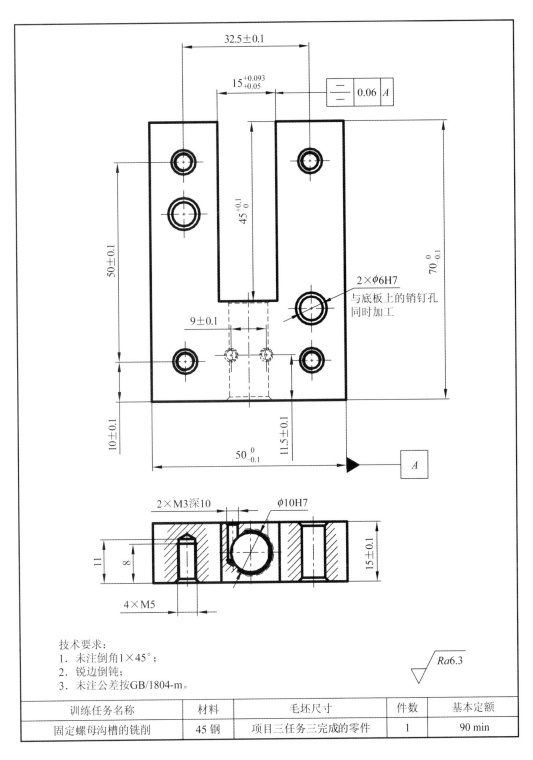

技术要求：
1. 未注倒角1×45°；
2. 锐边倒钝；
3. 未注公差按GB/1804-m。

$\sqrt{Ra6.3}$

训练任务名称	材料	毛坯尺寸	件数	基本定额
固定螺母沟槽的铣削	45钢	项目三任务三完成的零件	1	90 min

图 5-3-1　固定螺母沟槽的铣削

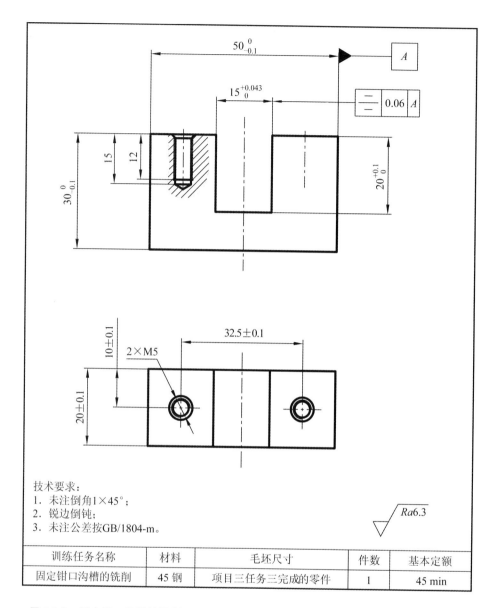

技术要求：
1. 未注倒角1×45°；
2. 锐边倒钝；
3. 未注公差按GB/1804-m。

训练任务名称	材料	毛坯尺寸	件数	基本定额
固定钳口沟槽的铣削	45钢	项目三任务三完成的零件	1	45 min

图 5-3-2 固定钳口沟槽的铣削

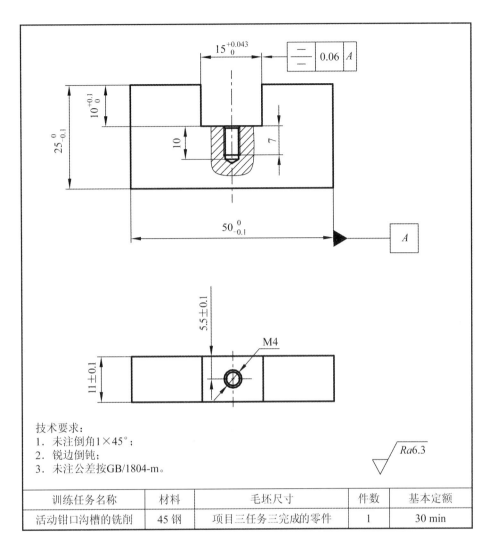

技术要求：
1. 未注倒角1×45°；
2. 锐边倒钝；
3. 未注公差按GB/1804-m。

$\sqrt{} Ra6.3$

训练任务名称	材料	毛坯尺寸	件数	基本定额
活动钳口沟槽的铣削	45钢	项目三任务三完成的零件	1	30 min

图5-3-3　活动钳口沟槽的铣削

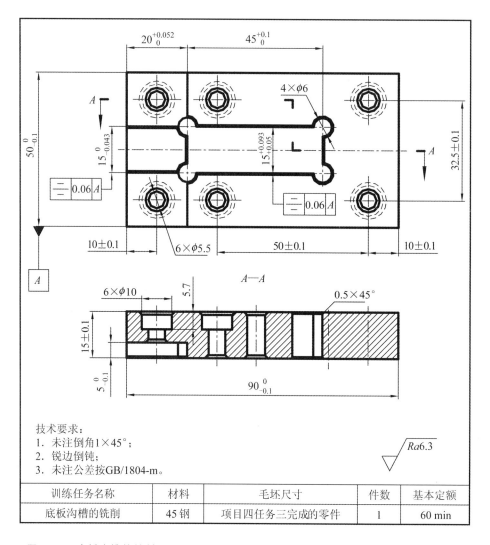

图 5-3-4 底板沟槽的铣削

训练任务名称	材料	毛坯尺寸	件数	基本定额
底板沟槽的铣削	45 钢	项目四任务三完成的零件	1	60 min

技术要求：
1. 未注倒角1×45°；
2. 锐边倒钝；
3. 未注公差按GB/1804-m。

（→ 学习活动

一、内测千分尺

1. 内测千分尺的结构

内测千分尺的结构，如图 5-3-5 所示。

2. 内测千分尺的使用方法

内测千分尺的量爪在长度方向其量爪母线是互相平行的，故采用内测千分尺测量内尺寸时应首先使量爪与被测的内形充分接触，如图 5-3-6 所示。

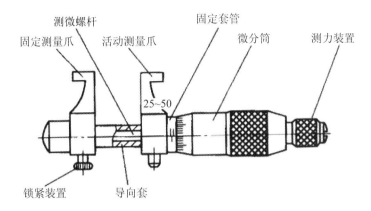

图 5-3-5　内测千分尺的结构

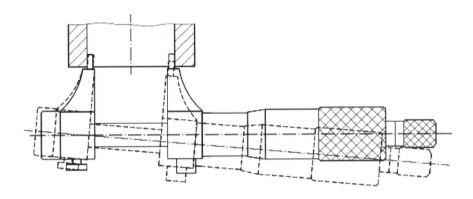

图 5-3-6　内测千分尺量爪的放置

(1)内测千分尺测量孔径尺寸。

测量内孔尺寸，如图 5-3-7 所示。若千分尺的测量方位(L)与被测尺寸(D)存在偏位(X)，则出现测量误差。因此，测量内孔尺寸时读取的最大值为测量的最佳值。

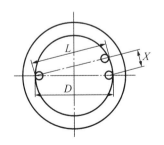

图 5-3-7　内测千分尺测量孔径

（2）内测千分尺测量沟槽尺寸。

测量沟槽尺寸，如图 5-3-8 所示。若千分尺的测量方位（L）与被测尺寸（D）存在偏位（X），则出现的测量误差。因此，测量内孔尺寸时读取的最小值为测量的最佳值。

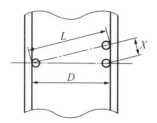

图 5-3-8　内测千分尺测量沟槽

二、 直角沟槽的检测

直角沟槽的长度、宽度和深度一般使用游标卡尺、游标深度尺检测。工件尺寸精度较高时，槽的宽度尺寸可用极限量规（塞规）检测，其对称度或平行度可用游标卡尺或杠杆百分表检测，如图 5-3-9 所示。检测时，分别以工件侧面 A 和 B 为基准面靠在平板上，然后使百分表的测量触头触到工件的槽侧面上，平移工件检测，两次检测所得百分表的指示读数之差值，即其对称度（平行度）误差值。

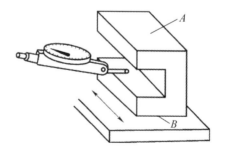

图 5-3-9　用杠杆百分表检测沟槽的对称度和平行度

⊙ **实践活动**

一、 实践条件

实践条件见表 5-3-1。

表 5-3-1 实践条件

类别	名称
设备	X5032 型立式升降台铣床、X6132 型卧式万能升降台铣床
刀具	面铣刀、圆柱铣刀、三面刃铣刀、立铣刀 $\phi 12/\phi 10/\phi 8/\phi 6$
量具	游标卡尺、千分尺、钢直尺

二、 实践步骤

1. 铣削固定螺母沟槽的步骤，见表 5-3-2。

表 5-3-2 铣削固定螺母沟槽的实践步骤

序号	步骤	操作	图示
1	实践准备	安全教育，分析图样，工艺制定	
2	铣削直沟槽	分层粗加工沟槽，槽的两侧面和底面各留 0.5 mm 余量；半精加工槽的底面并测量，得出底面精加工的余量，根据余量竖直方向进给工作台，精加工槽底至图样尺寸；此时，铣床的升降台保持不动，半精加工槽的一侧，确定精加工余量，横向或纵向移动工作台，精加工沟槽侧壁，同样的方法精加工另一侧面	
3	钻孔、攻螺纹	划线确定螺纹孔的加工位置，钻中心孔，钻螺纹底孔，倒角；手动攻螺纹	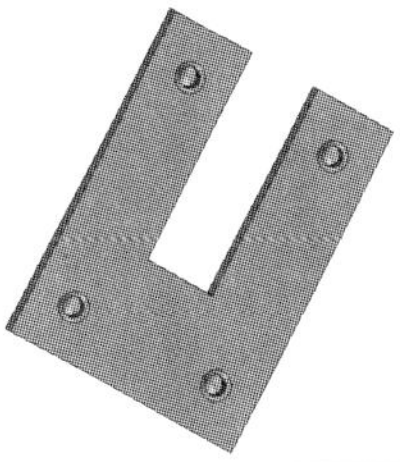
4	钻孔、铰孔	划线确定孔的加工位置，钻中心孔，钻底孔，倒角，铰孔	
5	加工后整理、清洁	加工完毕后，正确放置零件，整理工、量具，清洁机床工作台	（略）

2. 固定钳口、活动钳口及底板沟槽铣削参照表 5-3-2。

专业对话

1. 内测千分尺测量直角沟槽宽度时，千分尺应读取最大值还是最小值，并简要说明原因。

2. 根据自己的加工经验分析铣削较深的沟槽时应注意的问题。

任务评价

1. 铣削固定螺母的考核标准见表 5-3-3。

表 5-3-3 考核标准

序号	检测内容	检测项目	分值/分	检测量具	自测结果	得分/分	教师检测结果	得分/分
1	客观评分 A（主要尺寸）	$45^{+0.1}_{0}$	10					
2		$15^{+0.093}_{+0.05}$	10					
3		$4\times M5$	10					
4		10 ± 0.1	10					
5		50 ± 0.1	10					
6		32.5 ± 0.1	10					
7		11	10					
8		8	10					
9		$2\times M3$	10					
10		9 ± 0.1	10					
11		11.5 ± 0.1	10					
12		10H7	10					
13		倒角 $1\times45°$	10					
14	客观评分 A（几何公差与表面质量）	粗糙度 $Ra6.3$	10					
15		对基准 A 的对称度 0.06	10					
16	主观评分 B（设备及工、量、刀具的维修使用）	工、量、刀具的合理使用与保养	10					
17		铣床的正确操作	10					
18		铣床的正确润滑	10					
19		铣床的正确保养	10					

续表

序号	检测内容	检测项目	分值/分	检测量具	自测结果	得分/分	教师检测结果	得分/分
20	主观评分 B（安全文明生产）	执行正确的安全操作规程	10					
21		正确"两穿两戴"	10					
22	客观评分 A 总分		150	客观评分 A 实际得分				
23	主观评分 B 总分		60	主观评分 B 实际得分				
24	总体得分率			评定等级				
评分说明	1. 评分由客观评分 A 和主观评分 B 两部分组成，其中客观评分 A 占 85％，主观评分 B 占 15％； 2. 客观评分 A 分值为 10 分、0 分，主观评分 B 分值为 10 分、9 分、7 分、5 分、3 分、0 分； 3. 总体得分率：（A 实际得分×85％＋B 实际得分×15％）/（A 总分×85％＋B 总分×15％）×100％； 4. 评定等级：根据总体得分率评定，具体为 AB≥92％＝1，AB≥81％＝2，AB≥67％＝3，AB≥50％＝4，AB≥30％＝5，AB＜30％＝6							

2. 铣削固定钳口沟槽的考核标准见表 5-3-4。

表 5-3-4　考核标准

序号	检测内容	检测项目	分值/分	检测量具	自测结果	得分/分	教师检测结果	得分/分
1	客观评分 A（主要尺寸）	$15^{+0.043}_{0}$	10					
2		$20^{+0.1}_{0}$	10					
3		$2\times M5$	10					
4		10 ± 0.1	10					
5		32.5 ± 0.1	10					
6		倒角 $1\times45°$	10					
7	客观评分 A（几何公差与表面质量）	粗糙度 $Ra6.3$	10					
8		对基准 A 的对称度 0.06	10					

续表

序号	检测内容	检测项目	分值/分	检测量具	自测结果	得分/分	教师检测结果	得分/分
9	主观评分 B（设备及工、量、刃具的维修使用）	工、量、刃具的合理使用与保养	10					
10		铣床的正确操作	10					
11		铣床的正确润滑	10					
12		铣床的正确保养	10					
13	主观评分 B（安全文明生产）	执行正确的安全操作规程	10					
14		正确"两穿两戴"	10					
15	客观评分 A 总分		80	客观评分 A 实际得分				
16	主观评分 B 总分		60	主观评分 B 实际得分				
17	总体得分率			评定等级				
评分说明	1. 评分由客观评分 A 和主观评分 B 两部分组成，其中客观评分 A 占 85%，主观评分 B 占 15%； 2. 客观评分 A 分值为 10 分、0 分，主观评分 B 分值为 10 分、9 分、7 分、5 分、3 分、0 分； 3. 总体得分率：（A 实际得分×85%＋B 实际得分×15%）/（A 总分×85%＋B 总分×15%）×100%； 4. 评定等级：根据总体得分率评定，具体为 AB≥92%＝1，AB≥81%＝2，AB≥67%＝3，AB≥50%＝4，AB≥30%＝5，AB<30%＝6							

3. 铣削活动钳口沟槽的考核标准见表 5-3-5。

表 5-3-5 考核标准

序号	检测内容	检测项目	分值/分	检测量具	自测结果	得分/分	教师检测结果	得分/分
1	客观评分 A（主要尺寸）	$15^{+0.043}_{0}$	10					
2		$10^{+0.1}_{0}$	10					
3		M4	10					
4		5.5 ± 0.1	10					
5		10	10					
6		7	10					
7		倒角 1×45°	10					

续表

序号	检测内容	检测项目	分值/分	检测量具	自测结果	得分/分	教师检测结果	得分/分
8	客观评分 A（几何公差与表面质量）	粗糙度 $Ra6.3$	10					
9		对基准 A 的对称度 0.06	10					
10	主观评分 B（设备及工、量、刀具的维修使用）	工、量、刃具的合理使用与保养	10					
11		铣床的正确操作	10					
12		铣床的正确润滑	10					
13		铣床的正确保养	10					
14	主观评分 B（安全文明生产）	执行正确的安全操作规程	10					
15		正确"两穿两戴"	10					
16	客观评分 A 总分		90	客观评分 A 实际得分				
17	主观评分 B 总分		60	主观评分 B 实际得分				
18	总体得分率 AB			评定等级				
评分说明	1. 评分由客观评分 A 和主观评分 B 两部分组成，其中客观评分 A 占 85%，主观评分 B 占 15%； 2. 客观评分 A 分值为 10 分、0 分，主观评分 B 分值为 10 分、9 分、7 分、5 分、3 分、0 分； 3. 总体得分率：（A 实际得分×85%＋B 实际得分×15%）/（A 总分×85%＋B 总分×15%）×100%； 4. 评定等级：根据总体得分率评定，具体为 AB≥92%＝1，AB≥81%＝2，AB≥67%＝3，AB≥50%＝4，AB≥30%＝5，AB＜30%＝6							

4. 铣削底板沟槽的考核标准见表 5-3-6。

表 5-3-6　考核标准

序号	检测内容	检测项目	分值/分	检测量具	自测结果	得分/分	教师检测结果	得分/分
1	客观评分 A（主要尺寸）	$45^{+0.1}_{0}$	10					
2		$15^{+0.093}_{+0.05}$	10					
3		$4 \times \phi 6$	10					
4		倒角 $0.5 \times 45°$	10					
5	客观评分 A（几何公差与表面质量）	粗糙度 $Ra6.3$	10					
6		对基准 A 的对称度 0.06	10					
7	主观评分 B（设备及工、量、刃具的维修使用）	工、量、刃具的合理使用与保养	10					
8		铣床的正确操作	10					
9		铣床的正确润滑	10					
10		铣床的正确保养	10					
11	主观评分 B（安全文明生产）	执行正确的安全操作规程	10					
12		正确"两穿两戴"	10					
13	客观评分 A 总分		60	客观评分 A 实际得分				
14	主观评分 B 总分		60	主观评分 B 实际得分				
15	总体得分率			评定等级				
评分说明	1. 评分由客观评分 A 和主观评分 B 两部分组成，其中客观评分 A 占 85%，主观评分 B 占 15%； 2. 客观评分 A 分值为 10 分、0 分，主观评分 B 分值为 10 分、9 分、7 分、5 分、3 分、0 分； 3. 总体得分率：(A 实际得分×85%＋B 实际得分×15%)/(A 总分×85%＋B 总分×15%)×100%； 4. 评定等级：根据总体得分率评定，具体为 AB≥92%＝1，AB≥81%＝2，AB≥67%＝3，AB≥50%＝4，AB≥30%＝5，AB＜30%＝6							

拓展活动

加工如图 5-3-10 所示的零件，达到图样所规定的要求。

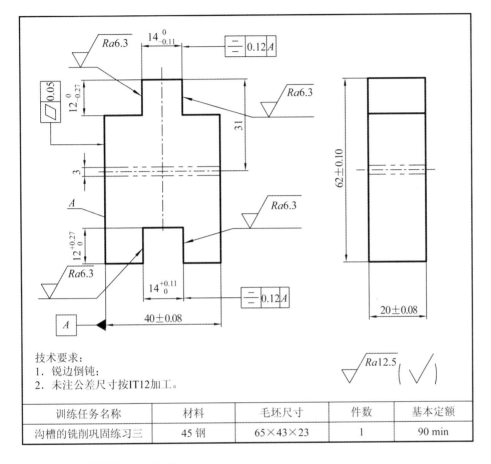

训练任务名称	材料	毛坯尺寸	件数	基本定额
沟槽的铣削巩固练习三	45 钢	65×43×23	1	90 min

技术要求：
1. 锐边倒钝；
2. 未注公差尺寸按IT12加工。

图 5-3-10　沟槽的铣削巩固练习三

项目六

斜面的铣削

➔ 项目导航

斜面是许多零件中都具有的基础特征，也是零件处理边角的基础工艺结构。本项目主要介绍斜面的铣削加工方法及质量检测方法，包括用角度铣刀铣斜面、倾斜工件铣斜面、倾斜铣刀铣斜面三种铣削斜面的方法。

➔ 学习要点

1. 掌握倾斜工件铣削斜面工艺中的装夹与调整技能。
2. 掌握倾斜铣床主轴铣斜面工艺的调整操作技能。
3. 掌握斜面的测量方法。
4. 了解正弦规的使用方法。

任务一　斜面工件的铣削

➔ 任务目标

加工如图 6-1-1 所示的零件，达到图样所规定的要求。

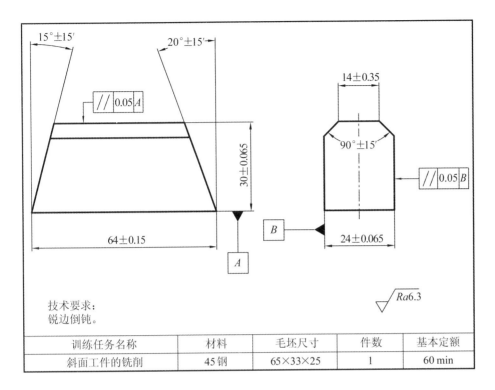

图 6-1-1　斜面工件的铣削

训练任务名称	材料	毛坯尺寸	件数	基本定额
斜面工件的铣削	45 钢	65×33×25	1	60 min

（→）**学习活动**

一、 斜面及其表示方法

斜面是指零件上与基准面成任意一个倾斜角度的平面。斜面相对基准面倾斜的程度用斜度来衡量，在图样上有两种表示方法。

（1）用倾斜角度 β 的度数（°）表示。主要用于倾斜程度大的斜面，如图 6-1-2(a)所示，斜面与基准面之间的夹角 $\beta=30°$。

（2）用斜度 S 的比值表示。主要用于倾斜程度小的斜面，如图 6-1-2(b)所示。在 50 mm 长度上，斜面两端至基准面的距离相差 1 mm，用"∠1：50"表示。斜度符号"∠"的下横线与基准面平行，上斜线的倾斜方向应与斜面倾斜方向一致。

两种表示方法的相互关系为

$$S=\tan\beta$$

式中，S——斜度，用符号"∠"和比值表示。

　　　　β——斜面与基准面之间的夹角，（°）。

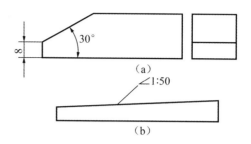

图 6-1-2　斜度的表示方法

二、 倾斜铣刀铣削斜面的方法

铣削斜面，实质上是铣削平面，如图 6-1-3 所示。铣削斜面时，必须使工件的待加工表面与其基准面以及铣刀之间满足两个条件：一是工件的斜面平行于铣削时工作台的进给方向；二是工件的斜面与铣刀的切削位置相吻合。即采用圆周铣时，斜面与铣刀旋转表面相切；采用端铣时，斜面与铣床主轴轴线垂直。

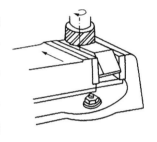

图 6-1-3　斜面的铣削

在立铣头可偏转的立式铣床、装有立铣头的卧式铣床、万能工具铣床上均可将端铣刀、立铣刀按要求偏转一定角度进行斜面的铣削，见表 6-1-1。

表 6-1-1　倾斜铣刀铣削斜面的方法

内容	说明	简图
用立铣刀铣削斜面	工件基准面与工作台台面平行时用立铣刀铣削斜面	$\alpha=90°-\theta$
	工件基准面与工作台台面垂直时用立铣刀铣削斜面	$\alpha=\theta$

续表

内容	说明	简图
用面铣刀铣削斜面	工件基准面与工作台台面平行时用面铣刀铣削斜面	$\alpha=\theta$
	工件基准面与工作台台面垂直时用面铣刀铣削斜面	$\alpha=90°-\theta$

三、斜面的检验

1. 万能角度尺检测角度误差

斜面的检验除了检验平面度和表面粗糙度以外，还要检验斜面与基准面之间的夹角是否符合图样的要求。一般的工件可用万能角度尺进行检测，如图 6-1-4 所示。测量时，将万能角度尺测面之间的角度调整到和工件斜面角度相同，令角度尺测量面与工件斜面、基准面贴合，然后将角度尺的读数与图样要求比较，以确定斜面加工的角度误差。

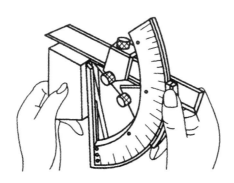

图 6-1-4　万能角度尺检测角度误差

2. 用指示表检测斜度误差

测量面对面的倾斜度误差的示意图如 6-1-5 所示。测量时将被测零件放置在定角座上，没有合适的定角座时，可以用放在正弦规或精密转台来代替。调整被测零件，使整个被测表面的读数差为最小，取指示表的最大示值 M 与最小示值 M 之差作为倾斜度误差值，即 $f = M_{max} - M_{min}$。

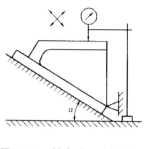

图 6-1-5　斜度误差的检测

→ **实践活动**

一、　实践条件

实践条件见表 6-1-2。

表 6-1-2　实践条件

类别	名称
设备	X5032 型立式升降台铣床
刀具	面铣刀、立铣刀 $\phi 12/\phi 10/\phi 8/\phi 6$
量具	游标卡尺、千分尺、钢直尺

二、　实践步骤

铣削斜面工件的实践步骤见表 6-1-3。

表 6-1-3　铣削斜面工件的实践步骤

序号	步骤	操作	图示
1	实践准备	安全教育，分析图样，工艺制定	（略）
2	铣削六面体	平口钳装夹工件，根据毛坯大小确定加工余量，按照六面体的加工工艺依次铣削六面，达到图样要求	

续表

序号	步骤	操作	图示
3	铣削 90°斜面	平口钳装夹工件，将立铣头的角度调整为 45°，调整、移动机床工作台铣削出一侧 45°斜面；将工件旋转 180°装夹，相同的方法加工出另一侧 45°斜面	
4	铣削 15°斜面	平口钳装夹工件，将立铣头的角度调整为 15°，调整、移动机床工作台铣削出 15°斜面	
5	铣削 20°斜面	平口钳装夹工件，将立铣头的角度调整为 20°，调整、移动机床工作台铣削出 20°斜面	
6	加工后整理、清洁	加工完毕后，正确放置零件，整理工、量具，清洁机床工作台	（略）

扫一扫：观看倾斜铣刀铣削斜面的学习视频。

扫一扫

三、　注意事项

(1)转动铣床主轴时，要确保有足够的空间，避免转动发生碰撞。

(2)铣削斜面时，刀具的刀尖部分应避免参与切削。

(3)要考虑到系统的整体刚性，切削用量要选择合理。

(4)工件装夹时要进行找正，确保垂直度。

(5)转动刀具角度要准确。

专业对话

1. 结合自己实训情况分析一下倾斜铣刀的操作方法。

2. 简述一下倾斜铣刀铣削斜面时的注意事项。

3. 依据自己的实践体会，谈谈倾斜铣刀铣削斜面方法的优缺点。

→ 任务评价 ————————————————————

考核标准见表 6-1-4。

表 6-1-4 考核标准

序号	检测内容	检测项目	分值/分	检测量具	自测结果	得分/分	教师检测结果	得分/分
1	客观评分 A (主要尺寸)	64 ± 0.15	10					
2		30 ± 0.065	10					
3		24 ± 0.065	10					
4		$15°\pm15'$	10					
5		$20°\pm15'$	10					
6		$90°\pm15'$	10					
7		14 ± 0.35	10					
8	客观评分 A (几何公差与表面质量)	粗糙度 $Ra6.3$	10					
9		对基准 A 的平行度 0.05	10					
10		对基准 B 的平行度 0.05	10					
11	主观评分 B (设备及工、量、刃具的维修使用)	工、量、刃具的合理使用与保养	10					
12		铣床的正确操作	10					
13		铣床的正确润滑	10					
14		铣床的正确保养	10					
15	主观评分 B (安全文明生产)	执行正确的安全操作规程	10					
16		正确"两穿两戴"	10					
17	客观评分 A 总分		100	客观评分 A 实际得分				
18	主观评分 B 总分		60	主观评分 B 实际得分				
19	总体得分率			评定等级				

续表

序号	检测内容	检测项目	分值/分	检测量具	自测结果	得分/分	教师检测结果	得分/分
评分说明	1. 评分由客观评分 A 和主观评分 B 两部分组成，其中客观评分 A 占 85%，主观评分 B 占 15%； 2. 客观评分 A 分值为 10 分、0 分，主观评分 B 分值为 10 分、9 分、7 分、5 分、3 分、0 分； 3. 总体得分率：(A 实际得分×85%＋B 实际得分×15%)/(A 总分×85%＋B 总分×15%)×100%； 4. 评定等级：根据总体得分率评定，具体为 AB≥92%＝1，AB≥81%＝2，AB≥67%＝3，AB≥50%＝4，AB≥30%＝5，AB＜30%＝6							

拓展活动

加工如图 4-2-5 所示的零件，达到图样所规定的要求。

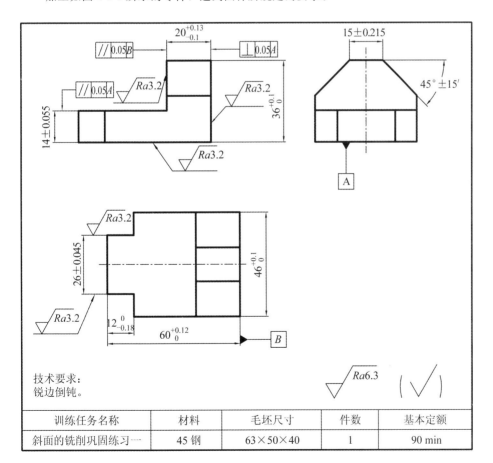

技术要求：
锐边倒钝。

训练任务名称	材料	毛坯尺寸	件数	基本定额
斜面的铣削巩固练习一	45 钢	63×50×40	1	90 min

图 6-1-6　斜面的铣削巩固练习一

任务二 平行压板的铣削

➜ 任务目标

加工如图 6-2-1 所示的零件，达到图样所规定的要求。

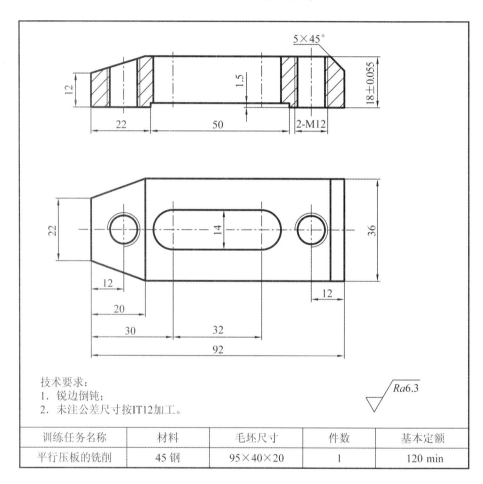

技术要求:
1. 锐边倒钝;
2. 未注公差尺寸按IT12加工。

$\sqrt{Ra6.3}$

训练任务名称	材料	毛坯尺寸	件数	基本定额
平行压板的铣削	45 钢	95×40×20	1	120 min

图 6-2-1 平行压板的铣削

➜ 学习活动

在立式或卧式铣床上，铣刀无法实现转动角度的情况下，可以将工件倾斜所需角度安装进行铣削斜面。常用的方法见表 6-2-1。

表 6-2-1　倾斜工件铣削斜面的方法

内容	说明	简图
按划线铣斜面	生产中经常采用按划线装夹工件铣削斜面的方法。先在工件上划出斜面的加工线，然后在平口钳上装夹工件，用划线盘校正工件上的加工线与工作台台面平行，再将工件夹紧后即可对工件进行斜面铣削。此法操作简单，仅适合加工精度要求不高的单件小型工件的生产	
用倾斜垫铁铣斜面	采用倾斜垫铁的宽度应小于工件宽度，垫铁斜面的斜度应与工件相同。将斜垫铁垫在平口钳钳体导轨面上，用平口钳将工件夹紧采用倾斜垫铁定位装夹工件，可以一次完成对工件的校正和夹紧。在铣削一批工件时，铣刀的高度位置不需要因工件的更换而重新调整，故可以大大提高批量工件生产的效率	
用靠铁定位铣斜面	外形尺寸较大的工件，在工作台上用压板进行装夹。应先在工作台台面上安装一块倾斜的靠铁，用百分表校正其斜度，使其倾斜度符合规定要求。然后将工件的基准面靠向靠铁的定位表面，再用压板将工件压紧后进行铣削	
用专用夹具铣斜面	当批量较大时，可用专用夹具装夹工件来铣削斜面。其特点是一次可装夹两件或多件工件，生产效率高，装夹方便，质量稳定。但夹具费用较大，成本较高	

续表

内容	说明	简图
用带回转盘的平口钳铣斜面	先将平口钳钳体大致扳转一个角度，再用百分表校正固定钳口面的斜度，使其倾斜度符合规定的要求。然后将钳体固定，装夹工件进行斜面的铣削。若工件的斜度较小，外形尺寸较大，则可采用相同的方法将工作台扳转一个角度进行斜面的铣削	
用可倾平口钳铣斜面	这种平口钳刚性较差，铣削时应选用较小的切削用量，常用于单件或少量生产	
用万能转台铣斜面	万能转台具有 T 形槽，安装方便，刚性好，常用于斜面尺寸较大的工件	
用分度头铣斜面	在圆柱体上铣斜面，特别是组成夹角的两个或两个以上的斜面，利用分度头安装加工较为方便，质量较稳定	

实践活动

一、 实践条件

实践条件见表 6-2-2。

表 6-2-2　实践条件

类别	名称
设备	X5032 型立式升降台铣床、X6132 型卧式万能升降台铣床
刀具	面铣刀、圆柱铣刀、三面刃铣刀、立铣刀 $\phi14/\phi12/\phi10/\phi8/\phi6$
量具	游标卡尺、千分尺、钢直尺

二、 实践步骤

铣削平行压板的实践步骤见表 6-2-3。

表 6-2-3　铣削平行压板的实践步骤

序号	步骤	操作	图示
1	实践准备	安全教育，分析图样，工艺制定	（略）
2	铣削六面体	平口钳装夹工件，根据毛坯大小确定加工余量，按照六面体的加工工艺依次铣削六面，达到图样要求	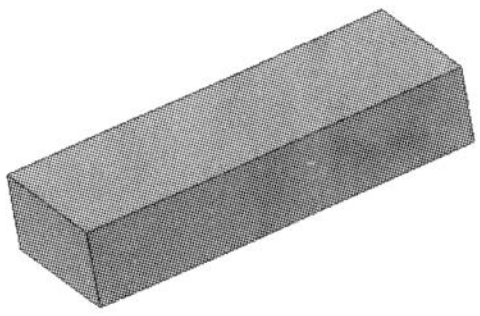
3	铣削压板两侧斜面	用高度尺划出斜面的轮廓线；平口钳装夹工件并用划针盘按线找正斜面位置，粗加工斜面，留少许余量，但要保留斜面轮廓线；用划针盘重新找正斜面位置，精加工斜面到图样尺寸	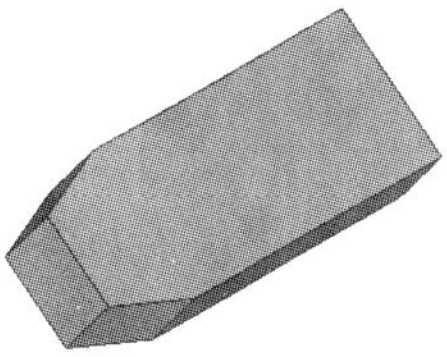
4	铣削压板上斜面	方法同步骤 3	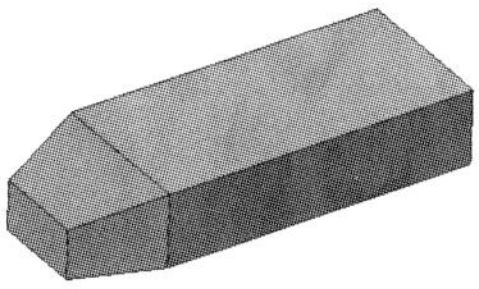

续表

序号	步骤	操作	图示
5	铣削压板尾部 C5 倒角	方法同步骤 3	
6	铣削压板底部通槽	平口钳装夹工件，用立铣刀粗加工通槽，留 0.5 mm 精加工余量，精加工槽的底部，保证槽底尺寸，先精加工槽的左侧面，再精加工槽的右侧面	
7	钻孔、攻螺纹	划线确定孔的位置，钻中心孔，钻 ϕ10.3 的螺纹底孔，倒角 C1，手动攻螺纹	
8	铣削封闭槽	用高度尺、圆规划出封闭槽的轮廓线，用 ϕ12 mm 的麻花钻钻出落刀孔，用 ϕ14 mm 的立铣刀分层铣削出封闭槽	
9	加工后整理、清洁	加工完毕后，正确放置零件，整理工、量具，清洁机床工作台	（略）

扫一扫：观看倾斜工件铣削斜面的学习视频。

三、 注意事项

(1)装夹工件时一定要依据所画的线进行找正安装。

(2)要考虑到系统的整体刚性，切削用量要选择合理。

(3)划线一定要准确。

专业对话

1. 结合自己的实训情况分析一下倾斜铣刀铣削斜面和倾斜工件铣削斜面的优缺点。

2. 依据自己的实践体会，怎么样倾斜工件更为方便？

任务评价

考核标准见表 6-2-4。

表 6-2-4 考核标准

序号	检测内容	检测项目	分值/分	检测量具	自测结果	得分/分	教师检测结果	得分/分
1	客观评分 A（主要尺寸）	92	10					
2		36	10					
3		18±0.055	10					
4		22	10					
5		50	10					
6		1.5	10					
7		22	10					
8		20	10					
9		30	10					
10		32	10					
11		14	10					
12		12（两处）	10					
13		M12（两处）	10					
14		倒角 5×45°	10					
15	客观评分 A（几何公差与表面质量）	粗糙度 Ra6.3	10					
16	主观评分 B（设备及工、量、刃具的维修使用）	工、量、刃具的合理使用与保养	10					
17		铣床的正确操作	10					
18		铣床的正确润滑	10					
19		铣床的正确保养	10					
20	主观评分 B（安全文明生产）	执行正确的安全操作规程	10					
21								
22		正确"两穿两戴"	10					
23	客观评分 A 总分		150	客观评分 A 实际得分				
24	主观评分 B 总分		60	主观评分 B 实际得分				

续表

序号	检测内容	检测项目	分值/分	检测量具	自测结果	得分/分	教师检测结果	得分/分
25	总体得分率			评定等级				
评分说明	\u3000 1. 评分由客观评分 A 和主观评分 B 两部分组成，其中客观评分 A 占 85％，主观评分 B 占 15％；							

<table>
<tr><td rowspan="4">评分说明</td><td colspan="8">　1. 评分由客观评分 A 和主观评分 B 两部分组成，其中客观评分 A 占 85％，主观评分 B 占 15％；</td></tr>
<tr><td colspan="8">　2. 客观评分 A 分值为 10 分、0 分，主观评分 B 分值为 10 分、9 分、7 分、5 分、3 分、0 分；</td></tr>
<tr><td colspan="8">　3. 总体得分率：(A 实际得分×85％＋B 实际得分×15％)/(A 总分×85％＋B 总分×15％)×100％；</td></tr>
<tr><td colspan="8">　4. 评定等级：根据总体得分率评定，具体为 AB≥92％＝1，AB≥81％＝2，AB≥67％＝3，AB≥50％＝4，AB≥30％＝5，AB＜30％＝6</td></tr>
</table>

拓展活动

加工如图 6-2-2 所示的零件，达到图样所规定的要求。

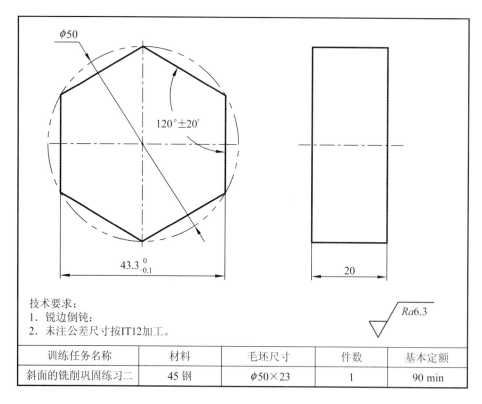

技术要求：
1. 锐边倒钝；
2. 未注公差尺寸按IT12加工。

$\sqrt{}$ Ra6.3

训练任务名称	材料	毛坯尺寸	件数	基本定额
斜面的铣削巩固练习二	45 钢	$\phi50×23$	1	90 min

图 6-2-2　斜面的铣削巩固练习二

任务三　平口钳零件斜面的铣削

→ **任务目标**

加工如图 6-3-1 至图 6-3-4 所示的零件斜面，达到图样所规定的要求。

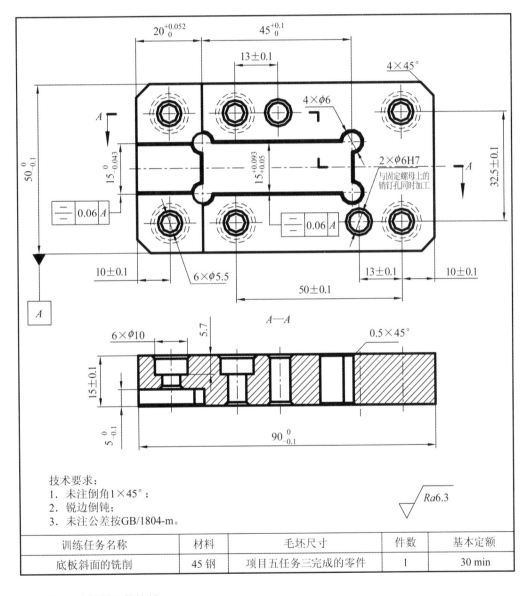

技术要求：
1. 未注倒角 1×45°；
2. 锐边倒钝；
3. 未注公差按 GB/1804-m。

$\sqrt{Ra6.3}$

训练任务名称	材料	毛坯尺寸	件数	基本定额
底板斜面的铣削	45 钢	项目五任务三完成的零件	1	30 min

图 6-3-1　底板斜面的铣削

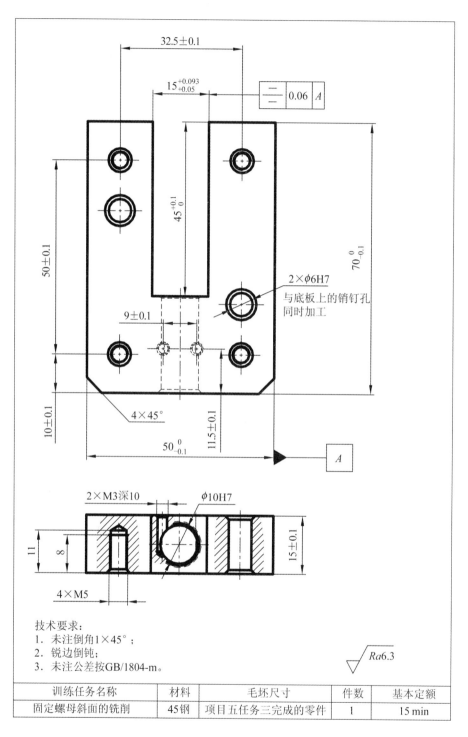

图 6-3-2 固定螺母斜面的铣削

技术要求:
1. 未注倒角1×45°;
2. 锐边倒钝;
3. 未注公差按GB/1804-m。

$\sqrt{Ra6.3}$

训练任务名称	材料	毛坯尺寸	件数	基本定额
固定螺母斜面的铣削	45钢	项目五任务三完成的零件	1	15 min

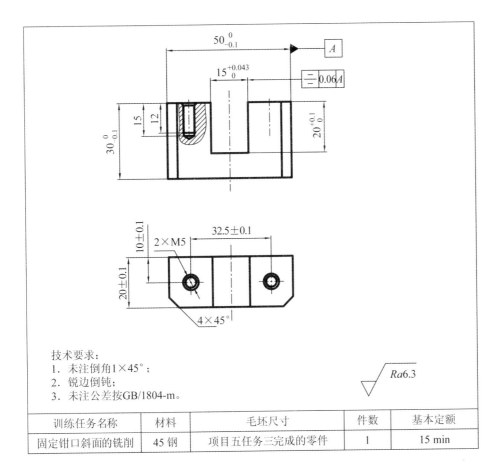

技术要求：
1. 未注倒角1×45°；
2. 锐边倒钝；
3. 未注公差按GB/1804-m。

$\sqrt{Ra6.3}$

训练任务名称	材料	毛坯尺寸	件数	基本定额
固定钳口斜面的铣削	45 钢	项目五任务三完成的零件	1	15 min

图 6-3-3　固定钳口斜面的铣削

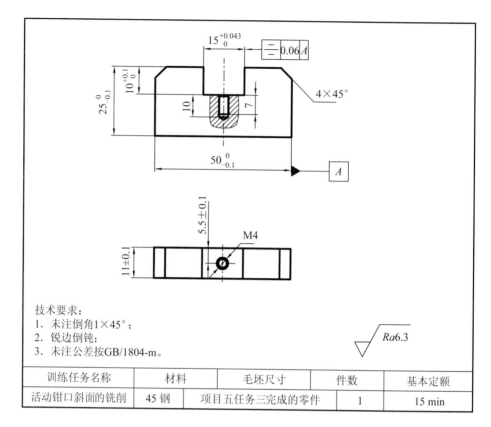

技术要求：
1. 未注倒角1×45°；
2. 锐边倒钝；
3. 未注公差按GB/1804-m。

$\sqrt{}$ Ra6.3

训练任务名称	材料	毛坯尺寸	件数	基本定额
活动钳口斜面的铣削	45 钢	项目五任务三完成的零件	1	15 min

图 6-3-4　活动钳口斜面的铣削

→ 学习活动

一、 角度铣刀铣削斜面的方法

斜面工件还可以用角度铣刀进行铣削，见表 6-3-1。

表 6-3-1　用角度铣刀铣削斜面的方法

内容	说明	简图
在卧式铣床上用一把单角度铣刀铣斜面	单角度铣刀铣斜面，一般用来铣削较窄的斜面，铣出斜面的角度由铣刀的角度保证。由于铣刀的刀齿强度较差，容屑槽也小，铣削时应选择较小的铣削用量	

续表

内容	说明	简图
在卧式铣床上用组合铣刀铣削对称斜面	在工件数量较多的情况下，为了提高生产率和保证加工质量，可以用两把规格相同、切削刃相反的单角度铣刀组合铣削工件的两个对称斜面	工件
在立式铣床上用锥度铣刀铣斜面	锥度铣刀的刚性较差，铣削时要选用较小的切削用量	

二、 斜面加工质量的保证

影响斜面铣削质量的主要因素有斜面倾斜的角度、斜面尺寸和表面粗糙度。

1. 保证斜面倾斜角度

保证斜面倾斜角度的注意事项：

(1)圆周铣时，要注意铣刀本身的形状误差。

(2)采用角度铣刀加工斜面时，要注意铣刀角度的准确性。

(3)在装夹工件时，要注意钳口、钳体导轨和工件表面的清洁。

(4)扳转立铣头时，要注意扳转角度的准确。

(5)采用划线装夹工件铣斜面时，要注意划线的准确性或在加工过程中工件是否发生位移。

2. 保证斜面尺寸

保证斜面尺寸的注意事项：

(1)在扳转角度值、操作手柄和测量工件时，一定要仔细，保证其准确性。

（2）在加工过程中要注意工件是否有松动。

3. 保证表面粗糙度

保证表面粗糙度的注意事项：

（1）在铣削过程中，尽量减少加工中产生的振动，增强铣床及夹具的刚度。

（2）合理选择切削液，在铣削中切削液的浇注要充分。

（3）保证铣刀切削刃的锋利，注意选择适当的进给量。

（4）铣削过程中，工作台进给或主轴回转时，不能突然停止，否则会啃伤工件表面，影响表面粗糙度。

三、 正弦规的使用

正弦规是利用三角法测量角度的一种精密量具，它一般用来测量带锥度或角度的零件。正弦规由一钢制长方体和两个精密圆柱组成，如图 6-3-5(a)所示。两个圆柱体的直径相同，它的中心距要求很精确，一般有 100 mm 和 200 mm 两种。两个圆柱体的中心连线要与长方体平面严格平行。

用正弦规测量工件时，应在平板上进行，圆柱的一端用量块垫高，如图 6-3-5(b)所示，直到零件被测表面与平板平行为止。这时，根据所垫量块高度尺寸和正弦规中心距计算工件的锥度。计算公式如下：

$$\sin 2\alpha = \frac{h}{L}$$

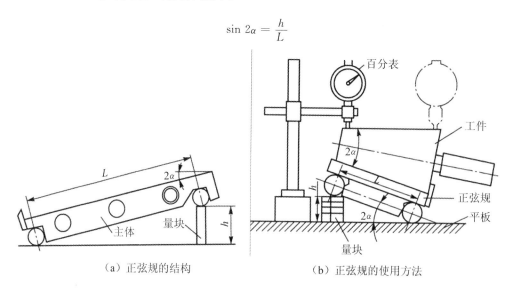

（a）正弦规的结构   （b）正弦规的使用方法

图 6-3-5 正弦规的结构及其使用方法

使用正弦规时应注意以下一些事项：

(1)用正弦规不得测量表面不清洁的、粗糙而硬度高的，或带磁性的工件。

(2)正弦规不准在平板上滑行，必须移动时，用手拿起放下，避免磨损圆柱。

(3)使用正弦规时，应轻取轻放，防止出现磕碰、擦伤现象。

(4)使用完后，需用航空汽油洗净，再用清洁干布擦干，并涂防护油装在盒内。清洁和涂油时正弦规不得与手接触，以防手上汗液腐蚀。

(5)正弦规应存放在无腐蚀性气体、干燥、通风良好的地方。

(6)为了保持正弦规精度，应进行定期检查。长期存放的正弦规，应每三个月做一次定期检查，更换防护油，以免生锈。

→ 实践活动

一、 实践条件

实践条件见表 6-3-2。

表 6-3-2　实践条件

类别	名称
设备	X5032 型立式升降台铣床、X6132 型卧式万能升降台铣床
刀具	角度铣刀、圆锥立铣刀
量具	游标卡尺、千分尺、钢直尺

二、 实践步骤

(1)铣削底板斜面的实践步骤见表 6-3-3。

表 6-3-3　铣削底板斜面的实践步骤

序号	步骤	操作	图示
1	实践准备	安全教育，分析图样，工艺制定	（略）
2	铣削斜面	平口钳装夹工件，在卧式铣床上安装 45°单角度铣刀，调整工作台，对刀，铣削斜面	

续表

序号	步骤	操作	图示
3	加工后整理、清洁	加工完毕后，正确放置零件，整理工、量具，清洁机床工作台	（略）

扫一扫

扫一扫：观看成形铣刀铣削斜面的学习视频。

（2）固定螺母、固定钳口、活动钳口的斜面的铣削参照表 6-3-3。

三、注意事项

（1）角度铣刀是一种成形刀具，铣削用量要依据刚性正确选择。

（2）工件的装夹要确保其垂直度。

→ 专业对话

1. 角度刀铣削斜面的优缺点有哪些？

2. 正弦规有何用处？

→ 任务评价

考核标准见表 6-3-4。

表 6-3-4 考核标准

序号	检测内容	检测项目	分值/分	检测量具	自测结果	得分/分	教师检测结果	得分/分
1	客观评分 A（主要尺寸）	$4 \times 45°$（底板）	10					
2		$4 \times 45°$（固定螺母）	10					
3		$4 \times 45°$（固定钳口）	10					
4		$4 \times 45°$（活动钳口）	10					
5	客观评分 A（几何公差与表面质量）	粗糙度 $Ra6.3$	10					

续表

序号	检测内容	检测项目	分值/分	检测量具	自测结果	得分/分	教师检测结果	得分/分
6	主观评分B（设备及工、量、刃具的维修使用）	工、量、刃具的合理使用与保养	10					
7		铣床的正确操作	10					
8		铣床的正确润滑	10					
9		铣床的正确保养	10					
10	主观评分B（安全文明生产）	执行正确的安全操作规程	10					
11		正确"两穿两戴"	10					
12	客观评分A总分		50	客观评分A实际得分				
13	主观评分B总分		60	主观评分B实际得分				
14	总体得分率			评定等级				
评分说明	1. 评分由客观评分A和主观评分B两部分组成，其中客观评分A占85%，主观评分B占15%； 2. 客观评分A分值为10分、0分，主观评分B分值为10分、9分、7分、5分、3分、0分； 3. 总体得分率AB：（A实际得分×85%＋B实际得分×15%）/（A总分×85%＋B总分×15%）×100%； 4. 评定等级：根据总体得分率评定，具体为AB≥92%＝1，AB≥81%＝2，AB≥67%＝3，AB≥50%＝4，AB≥30%＝5，AB<30%＝6							

➜ **拓展活动**

加工如图6-3-6所示的零件，达到图样所规定的要求。

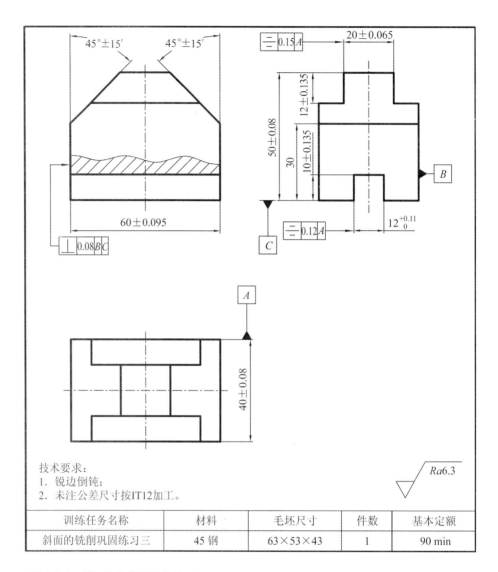

技术要求：
1. 锐边倒钝；
2. 未注公差尺寸按IT12加工。

$\sqrt{Ra6.3}$

训练任务名称	材料	毛坯尺寸	件数	基本定额
斜面的铣削巩固练习三	45 钢	63×53×43	1	90 min

图 6-3-6　斜面的铣削巩固练习三

项目七

装 配

(→) **项目导航**

机械装配就是按照设计的技术要求实现机械零件或部件的连接，把机械零件或部件组合成机器，机械装配是机器制造和修理的重要环节。本项目主要介绍机械装配中的销连接和螺纹连接。

(→) **学习要点**

1. 了解螺纹连接的相关知识。

2. 了解销的连接方式与作用。

3. 掌握机械装配的相关操作要点。

任务一　销连接件的装配

(→) **任务目标**

通过该任务的学习掌握销连接的基础知识，并完成迷你平口钳销连接装配的操作，如图 7-1-1 所示。

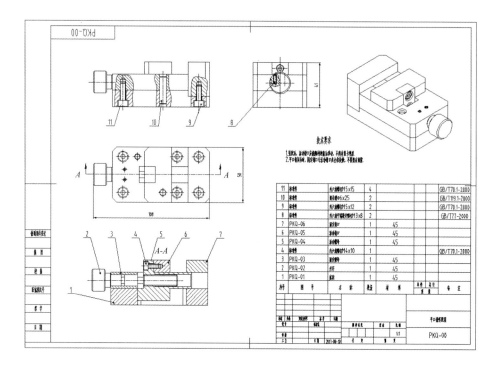

图 7-1-1　迷你平口钳装配图

→ **学习活动**

　　销连接主要用于确定零件之间的相互位置，并传递不大的载荷，也可用于轴与毂或其他零件的连接。其结构形式主要有圆柱销、圆锥销和开口销等，如图 7-1-2 所示。

圆柱销　　　　　　　　　　圆锥销　　　　　　　　　　开口销

图 7-1-2　销的结构

一、 圆柱销连接的形式

　　圆柱销一般多用于各种机件(如夹具、各类冲模等)的定位，按配合性质的不同，主要有间隙配合、过渡配合和过盈配合。因此，装配前应检查圆柱销与销孔的尺寸是否正确，对于过盈配合，还应检查其是否有合适的过盈量。一般过盈量在 0.01 mm 左右为适宜。具体装配结构如图 7-1-3 所示。

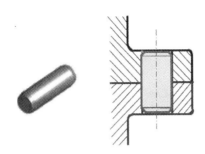

图 7-1-3 圆柱销连接

此外，在装配圆柱销时，还应注意以下装配要点：

(1)在打不通孔的销钉前，应先用带切削锥的铰刀最后铰到底，同时在销钉外圆用油石磨一通气平面，以便让孔底的空气排出，否则销钉打不进去。

(2)圆柱销装入时，应用软金属垫在销子端面上，然后用锤子将销钉打入孔中。也可用压入法装入。

(3)装配前，应在销子表面涂机油润滑。装配时应用铜棒轻轻敲入。

(4)圆柱销装配时，对销孔要求较高，所以往往采用与被连接件的两孔同时钻、铰，并使孔表面粗糙度低于 $Ra1.6~\mu\mathrm{m}$，以保证连接质量。

二、 圆锥销连接的形式

常用的圆锥销主要有普通圆锥销、有螺尾的圆锥销及带内螺纹的圆锥销。但不论装配哪一种圆锥销，装配时都应将两连接件一起钻、铰。钻孔时按圆锥销小头直径选用钻头(圆锥销以小头直径和长度表示规格)。用 $1:50$ 锥度的铰刀铰孔。铰孔时用试装法控制孔径，以圆锥销自由插入全长的 $80\%\sim85\%$ 为宜，如图 7-1-4 所示。然后用手锤敲入，销子的大端可稍高出工件表面。

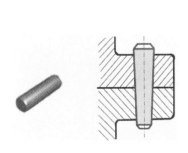

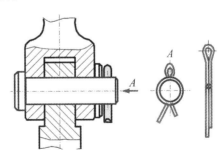

图 7-1-4　圆锥销连接　　　　　　图 7-1-5　开口销连接

三、 开口销连接的形式

将开口销装入孔内后，应将小端开口扳开，防止振动时脱出。其结构连接形式如图 7-1-5 所示。

➔ 实践活动

一、 实践条件

实践条件见表 7-1-1。

表 7-1-1　实践条件

类别	名称
设备	X5032 型立式升降台铣床
刀具	麻花钻 ϕ5.8、铰刀 ϕ6H7
量具	游标卡尺、千分尺、钢直尺

二、 实践步骤

迷你平口钳销连接装配的实践步骤见表 7-1-2。

表 7-1-2　迷你平口钳销连接装配的实践步骤

序号	步骤	操作	图示
1	实践准备	安全教育，分析图样，工艺制定	（略）
2	加工销孔	用 C 形夹具将底板与固定螺母固定在一起，平口钳装夹工件，移动工作台找正孔位，钻中心孔，钻 ϕ5.8 通孔，铰孔至尺寸 ϕ6H7；另一个销孔加工方法同上	
3	圆柱销的装配	销孔加工好后，将两根圆柱销用铜棒轻轻敲入销孔中，连接底板和固定螺母	
4	装配后整理、清洁	装配完毕后，正确放置零件，整理工、量具，清洁工作台	（略）

扫一扫：观看销连接的学习视频。

三、 注意事项

(1)销连接时注意其松紧程度。

(2)装配时要注意装配间隙。

→ 专业对话

1. 销连接的种类有哪些？

2. 装配工件时，用到了哪种销？起到了什么作用？

→ 任务评价

考核标准见表 7-1-3。

表 7-1-3 考核标准

序号	检测内容	检测项目	分值/分	检测量具	自测结果	得分/分	教师检测结果	得分/分
1	客观评分 A (主要尺寸)	$\phi6H7$	10					
2		销钉的正确装配	10					
3	客观评分 A (几何公差与表面质量)	粗糙度 $Ra1.6$	10					
4	主观评分 B (设备及工、量具的维修使用)	工、量具的合理使用与保养	10					
5		铣床的正确操作	10					
6		铣床的正确润滑	10					
7		铣床的正确保养	10					
8	主观评分 B (安全文明生产)	执行正确的安全操作规程	10					
9		正确"两穿两戴"	10					
10	客观评分 A 总分		30	客观评分 A 实际得分				

续表

序号	检测内容	检测项目	分值/分	检测量具	自测结果	得分/分	教师检测结果	得分/分
11	主观评分 B 总分		60	主观评分 B 实际得分				
12	总体得分率 AB			评定等级				
评分说明	1. 评分由客观评分 A 和主观评分 B 两部分组成，其中客观评分 A 占 85％，主观评分 B 占 15％； 2. 客观评分 A 分值为 10 分、0 分，主观评分 B 分值为 10 分、9 分、7 分、5 分、3 分、0 分； 3. 总体得分率：(A 实际得分×85％＋B 实际得分×15％)/(A 总分×85％＋B 总分×15％)×100％； 4. 评定等级：根据总体得分率评定，具体为 AB≥92％＝1，AB≥81％＝2，AB≥67％＝3，AB≥50％＝4，AB≥30％＝5，AB＜30％＝6							

拓展活动

1. 简述销的种类和作用。

2. 销的损坏形式有哪些？

任务二　螺纹连接件的装配

任务目标

通过该任务的学习，掌握螺纹连接的基础知识，并完成迷你平口钳螺纹连接件装配的操作，如图 7-1-1 所示。

学习活动

一、螺纹连接的形式

螺纹连接是一种可拆卸的固定连接，它可以把机械中的零件牢固地连接在一起。它具有结构简单、连接可靠及拆卸方便等优点。螺纹紧固连接的基本形式大致分为螺栓连接、双头螺柱连接和螺钉连接三大类，如图 7-2-1 所示。

每种连接形式都有其不同的应用场所。螺栓连接主要用于承受零件的切应力；双头螺柱连接多用于盲孔、被连接零件需经常拆卸的场合；而螺钉连接主要用于受力不

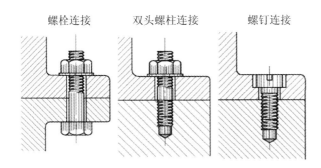

螺栓连接   双头螺柱连接   螺钉连接

图 7-2-1 螺纹连接形式

大，质量较轻零件的连接。

二、 螺纹连接时的预紧技巧

为了达到螺纹连接的紧固和可靠，对螺纹副施加一定的拧紧力矩，使螺纹间产生相应的摩擦力矩，这种措施称为对螺纹连接的预紧。具体的操作技巧有以下几种。

(1)利用专门的装配工具，如指针式力矩扳手、电动或风动扳手等。这些工具在拧紧螺纹时可指示出拧紧力矩的数值，或到达预先设定的拧紧力矩时自动终止拧紧。

(2)测量螺栓伸长量。螺母拧紧前，螺栓的原始长度为 $L1$，按规定的拧紧力矩拧紧后，螺栓的长度为 $L2$，根据 $L1$ 和 $L2$ 伸长量的变化可以确定(按工艺文件规定或计算的)拧紧力矩是否正确。

(3)扭角法。其原理与测量螺栓伸长法相同，只是将伸长量折算成螺母被并转的角度。

三、 螺纹连接的损坏形式及修理工艺

螺纹连接的损坏形式一般有螺纹部分或全部损坏、螺钉头损坏及螺杆断裂等。对于螺钉、螺栓或螺母任何形式的损坏，一般都以更换新件来解决；螺孔滑牙后，有时需要修理，大多是扩大螺纹直径或加深螺纹深度，而镶套重新攻螺纹只在不得已时才采用。

螺纹连接修理时，常遇到锈蚀的螺纹难于拆卸的情况。这时可采用煤油浸润法、振动敲击法及加热膨胀法松动螺纹后再拆卸。

➔ 实践活动

一、 实践条件

实践条件见表 7-2-1。

表 7-2-1　实践条件

类别	名称
设备	X5032 型立式升降台铣床
工具具	内六角扳手、铜棒
量具	游标卡尺、千分尺、钢直尺
零件	加工好的迷你平口钳的组成零件

二、 实践步骤

迷你平口钳螺纹连接装配的实践步骤见表 7-2-2。

表 7-2-2　迷你平口钳螺纹连接装配的实践步骤

序号	步骤	操作	图示
1	实践准备	安全教育，分析图样，工艺制定	（略）
2	底板与固定螺母的螺纹连接	将 4 个 M5 的内六角螺钉通过底板上的过孔旋入固定螺母上的螺钉孔中并拧紧	
3	底板与固定钳口的螺纹连接	以底板上的台阶定位，将固定钳口装配到底板上，并用两个 M5 的内六角螺钉紧固	
4	活动螺母与活动钳口的螺纹连接	以活动螺母上的台阶定位，将活动钳口装配到底板上，并用 1 个 M4 的内六角螺钉紧固	

续表

序号	步骤	操作	图示
5	丝杆与活动螺母的螺纹连接	将活动螺母装配到固定螺母上的槽中，丝杆通过固定螺母上的ϕ10H7的孔旋入活动螺母的螺纹孔中，并保证丝杆与活动螺母可以通过螺纹连接相对移动	
6	底板与丝杆的螺纹连接	将两个M3的紧定螺钉旋入固定螺母的螺纹孔中，并保证螺钉旋入后卡进丝杆的沟槽中	
7	检查平口钳的功能	转动丝杆，活动钳口可以顺利地开合，固定钳口与活动钳口可以紧密接触，无间隙	
8	加工后整理、清洁	加工完毕后，正确放置零件，整理工、量具，清洁机床工作台	（略）

扫一扫：观看螺纹连接装配的学习视频。

扫一扫

三、注意事项

(1)装配前应对每一个零部件进行检查与清理。

(2)装配时要先确定每个零部件之间的相对关系和连接形式。

(3)装配时要选择好基准。

(4)装配时，螺纹的拧紧力度要合适。

专业对话

1. 螺纹连接的种类有哪些？

2. 实践中如何确保拧紧螺纹时的力度刚好？

3. 装配工件时，基准起到什么作用？

➔ 任务评价

考核标准见表 7-2-3。

表 7-2-3　考核标准

序号	检测内容	检测项目	分值/分	检测量具	自测结果	得分/分	教师检测结果	得分/分
1	客观评分 A（主要尺寸）	底板与固定螺母的正确连接	10					
2		底板与固定钳口的正确连接	10					
3		活动螺母与活动钳口的正确连接	10					
4		丝杆与活动螺母的正确连接	10					
5		丝杆与固定螺母的正确连接	10					
6		平口钳能够正常夹紧工件	10					
7		平口钳闭合后活动钳口与固定钳口紧密接触，无间隙	10					
8	主观评分 B（设备及工、量具的维修使用）	工、量具的合理使用与保养	10					
9		铣床的正确操作	10					
10		铣床的正确润滑	10					
11		铣床的正确保养	10					
12	主观评分 B（安全文明生产）	执行正确的安全操作规程	10					
13		正确"两穿两戴"	10					
14	客观评分 A 总分		70	客观评分 A 实际得分				
15	主观评分 B 总分		60	主观评分 B 实际得分				
16	总体得分率			评定等级				

续表

序号	检测内容	检测项目	分值/分	检测量具	自测结果	得分/分	教师检测结果	得分/分
评分说明	1. 评分由客观评分 A 和主观评分 B 两部分组成，其中客观评分 A 占 85%，主观评分 B 占 15%； 2. 客观评分 A 分值为 10 分、0 分，主观评分 B 分值为 10 分、9 分、7 分、5 分、3 分、0 分； 3. 总体得分率：(A 实际得分×85%＋B 实际得分×15%)/(A 总分×85%＋B 总分×15%)×100%； 4. 评定等级：根据总体得分率评定，具体为 AB≥92%＝1，AB≥81%＝2，AB≥67%＝3，AB≥50%＝4，AB≥30%＝5，AB<30%＝6							

拓展活动

1. 简述螺纹的预紧方法。

2. 简述螺纹连接的损坏形式和修复方法。

附　录

附录1　机械加工工艺卡、工序卡

机械加工工艺卡

单位 名称		产品名称			图号		
		零件名称		数量		第　页	
材料 种类		材料 牌号		毛坯尺寸		共　页	
工序号	工序内容	车间	设备	工具			计划工时	实际工时
				夹具	量具	刃具		
1								
2								
3								
4								
5								
6								
7								
8								
更改日		拟定	校正		审核		批准	
更改者								
日期								

机械加工工序卡

产品型号		零件图号			共　页	第　页
产品名称		零件名称			工序名称	材料牌号
		车间	工序号		可制件数	每台件数
		毛坯种类	毛坯外形尺寸		设备编号	同时加工件数
		设备名称	设备型号			
		夹具编号	夹具名称		切削液	
		工位器具编号	工位器具名称		工序工时/分	
					准终	单件
工步号	工步内容	工艺装备	主轴转速/(r/min)	切削速度/(m/min)	进给量/(mm/r)	切削深度/mm	进给次数	工步工时	
								机动	辅助
1									
2									
3									
4									
					设计（日期）	校对（日期）	审核（日期）	标准化（日期）	会签（日期）

附录2 铣工技能抽测模拟题

铣工技能抽测模拟题一

准备清单

材料

序号	材料名称	规格	数量	备注
1	45 号钢	60×40×25	2 块/人	

设备

序号	名称	规格	数量	备注
1	立式升降台铣床	X5032	1 台/人	
2	平口钳扳手	相应平口钳规格	1 副/铣床	
3	铣刀柄	相应规格	1 套/铣床	

工、量、刃具清单(自备铜棒、垫块等)

序号	名称	规格	数量	备注
1	普通游标卡尺	0～150 mm(0.02)	1 把	
2	外径千分尺	0～25 mm、25～50 mm、50～75 mm(0.01)	各 1 把	
3	内径千分尺	0～25 mm、25～50 mm(0.01)	各 1 把	
4	万能角度尺	0～320°(2′)	1 把	
5	深度游标卡尺	0～150 mm(0.02)	1 把	
6	面铣刀	$\phi 50$	自定	
7	立铣刀	$\phi 3$、$\phi 6$、$\phi 8$、$\phi 10$、$\phi 12$	自定	
8	科学计算器			

铣工技能抽测模拟题一

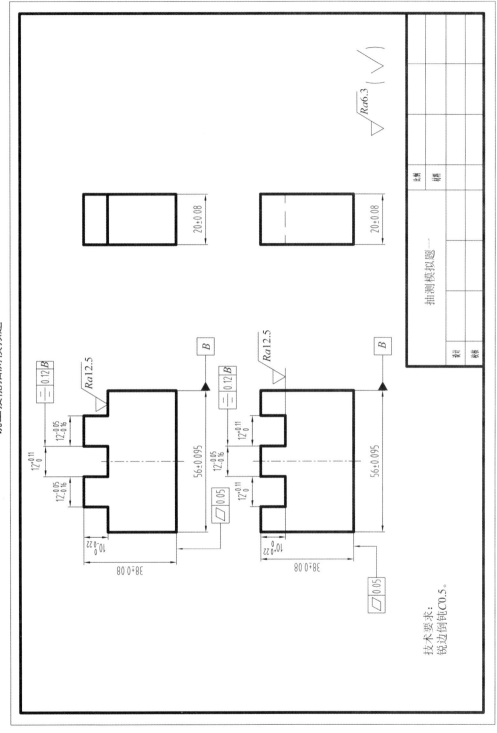

技术要求:
锐边倒钝C0.5。

抽测模拟题一

$\sqrt{Ra6.3}$ $(\sqrt{})$

铣工技能抽测模拟题一评分表

序号	鉴定项目及标准			配分/分	评分标准	检验结果	得分/分	备注
1	尺寸及精度	外形尺寸	56 ± 0.095(两处)	8	超差不得分			
			38 ± 0.08(两处)	8	超差不得分			
			20 ± 0.08(两处)	8	超差不得分			
		凹凸尺寸	$12^{-0.05}_{-0.16}$(三处)	12	超差不得分			
			$10^{+0.11}_{0}$(三处)	12	超差不得分			
			$10^{0}_{-0.22}$	3	超差不得分			
			$10^{+0.22}_{0}$	3	超差不得分			
		其他	平面度 0.05(两处)	8	超差不得分			
			凹槽对称度 0.12	8	超差不得分			
			凸槽对称度 0.12	8	超差不得分			
			表面粗糙度	12	超差一处扣1分，扣完为止			
2	设备、工、量、刃具的正确使用和维护保养	执行操作规程		1				
		正确使用工、量、刃具		1				
		正确选择铣削用量		2				
		正确维护保养机床		2				
3	安全文明生产	安全生产		2				
		文明生产		2				
4	时间扣分	每超时 3 分钟扣 1 分						
	合计			100				
备注		每处尺寸超差≥0.5 mm，酌情扣考件总分 5～10 分						

铣工技能抽测模拟题二

准备清单

材料

序号	材料名称	规格	数量	备注
1	45 号钢	35×35×105	1 块/人	

设备

序号	名称	规格	数量	备注
1	立式升降台铣床	X5032	1 台/人	
2	平口钳扳手	相应平口钳规格	1 副/铣床	
3	铣刀柄	相应规格	1 套/铣床	

工、量、刃具清单（自备铜棒、垫块等）

序号	名称	规格	数量	备注
1	普通游标卡尺	0～150 mm(0.02)	1 把	
2	外径千分尺	0～25 mm、25～50 mm、50～75 mm(0.01)	各 1 把	
3	内径千分尺	0～25 mm、25～50 mm(0.01)	各 1 把	
4	万能角度尺	0～320°(2′)	1 把	
5	深度游标卡尺	0～150 mm(0.02)	1 把	
6	面铣刀	$\phi50$	自定	
7	立铣刀	$\phi3$、$\phi6$、$\phi8$、$\phi10$、$\phi12$	自定	
8	科学计算器			

铣工技能抽测模拟题二

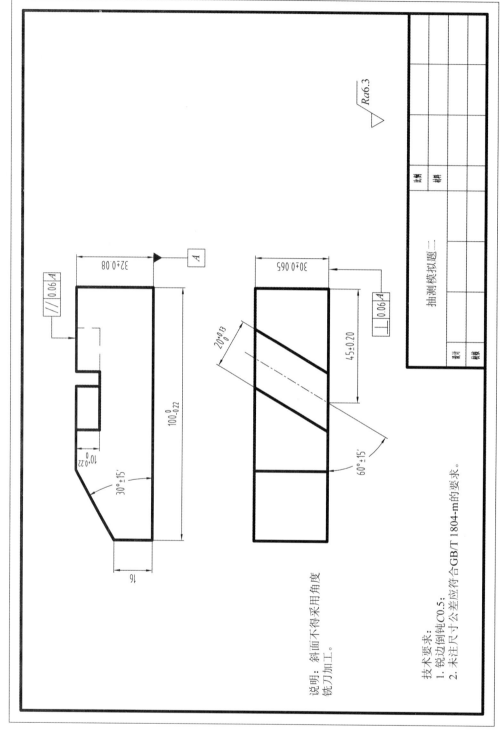

说明：斜面不得采用角度
铣刀加工。

技术要求：
1. 锐边倒钝C0.5；
2. 未注尺寸公差应符合GB/T 1804-m的要求。

抽测模拟题二

铣工技能抽测模拟题二评分表

序号	鉴定项目及标准			配分/分	评分标准	检验结果	得分/分	备注
1	尺寸及精度	外形尺寸	35 ± 0.08	9	超差不得分			
			30 ± 0.065	9	超差不得分			
			$100_{-0.22}^{0}$	9	超差不得分			
		斜槽斜面尺寸	$20_{0}^{+0.13}$	9	超差不得分			
			$10_{0}^{+0.22}$	7	超差不得分			
			45 ± 0.2	4	超差不得分			
			$60\pm15'$	6	超差不得分			
			$30\pm15'$	6	超差不得分			
			16	3	超差不得分			
		其他	对基准 A 的平行度	8	超差不得分			
			对基准 A 的垂直度	8	超差不得分			
			表面粗糙度	12	超差一处扣1分，扣完为止			
2	设备、工、量、刃具的正确使用和维护保养	执行操作规程		1				
		正确使用工、量、刃具		1				
		正确选择铣削用量		2				
		正确维护保养机床		2				
3	安全文明生产	安全生产		2				
		文明生产		2				
4	时间扣分	每超时 3 分钟扣 1 分						
	合计			100				
	备注	每处尺寸超差≥0.5 mm，酌情扣考件总分 5～10 分						

铣工技能抽测模拟题三

准备清单

材料

序号	材料名称	规格	数量	备注
1	45 号钢	半成品台阶轴	1 块/人	

设备

序号	名称	规格	数量	备注
1	立式升降台铣床	X5032	1 台/人	
2	平口钳扳手	相应平口钳规格	1 副/铣床	
3	铣刀柄	相应规格	1 套/铣床	

工、量、刃具清单(自备铜棒、垫块等)

序号	名称	规格	数量	备注
1	普通游标卡尺	0～150 mm(0.02)	1 把	
2	外径千分尺	0～25 mm、25～50 mm、50～75 mm(0.01)	各 1 把	
3	内径千分尺	0～25 mm、25～50 mm(0.01)	各 1 把	
4	万能角度尺	0～320°(2′)	1 把	
5	深度游标卡尺	0～150 mm(0.02)	1 把	
6	面铣刀	$\phi 50$	自定	
7	键槽铣刀	$\phi 3$、$\phi 6$、$\phi 8$、$\phi 10$、$\phi 12$	自定	
8	科学计算器			

铣工技能抽测模拟题三

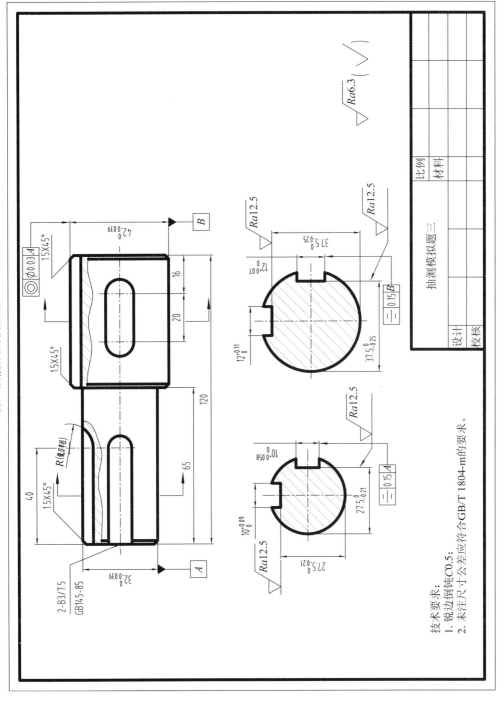

技术要求：
1. 锐边倒钝C0.5；
2. 未注尺寸公差应符合GB/T 1804-m的要求。

		抽测模拟题三	比例	
			材料	
设计				
校核				

铣工技能抽测模拟题三评分表

序号	鉴定项目及标准			配分/分	评分标准	检验结果	得分/分	备注
1	尺寸及精度	键槽尺寸	$10^{+0.09}_{0}$	8	超差不得分			
			$10^{+0.058}_{0}$	8	超差不得分			
			$27.5^{0}_{-0.21}$（两处）	8	超差不得分			
			$12^{+0.11}_{0}$	8	超差不得分			
			$12^{+0.07}_{0}$	8	超差不得分			
			$37.5^{0}_{-0.25}$（两处）	8	超差不得分			
			20	3	超差不得分			
			16	3	超差不得分			
			40 ± 1	2	超差不得分			
		其他	垂直度 0.2	8	超差不得分			
			对基准 A 的对称度 0.15	8	超差不得分			
			对基准 B 的对称度 0.15	8	超差不得分			
			表面粗糙度	10	超差一处扣 1 分，扣完为止			
2	设备、工、量、刃具的正确使用和维护保养		执行操作规程	1				
			正确使用工、量、刃具	1				
			正确选择铣削用量	2				
			正确维护保养机床	2				
3	安全文明生产		安全生产	2				
			文明生产	2				
4	时间扣分		每超时 3 分钟扣 1 分					
	合计			100				
	备注		每处尺寸超差≥0.5 mm，酌情扣考件总分 5～10 分					

铣工技能抽测模拟题四

准备清单

材料

序号	材料名称	规格	数量	备注
1	45 号钢	70×70×25	1 块/人	

设备

序号	名称	规格	数量	备注
1	立式升降台铣床	X5032	1 台/人	
2	平口钳扳手	相应平口钳规格	1 副/铣床	
3	铣刀柄	相应规格	1 套/铣床	

工、量、刃具清单(自备铜棒、垫块等)

序号	名称	规格	数量	备注
1	普通游标卡尺	0～150 mm(0.02)	1 把	
2	外径千分尺	0～25 mm、25～50 mm、50～75 mm(0.01)	各 1 把	
3	内径千分尺	0～25 mm、25～50 mm(0.01)	各 1 把	
4	万能角度尺	0～320°(2′)	1 把	
5	深度游标卡尺	0～150 mm(0.02)	1 把	
6	面铣刀	ϕ50	自定	
7	立铣刀	ϕ3、ϕ6、ϕ8、ϕ10、ϕ12	自定	
8	T 形铣刀	ϕ16×5	1 支	
9	科学计算器			

铣工技能抽测模拟题四

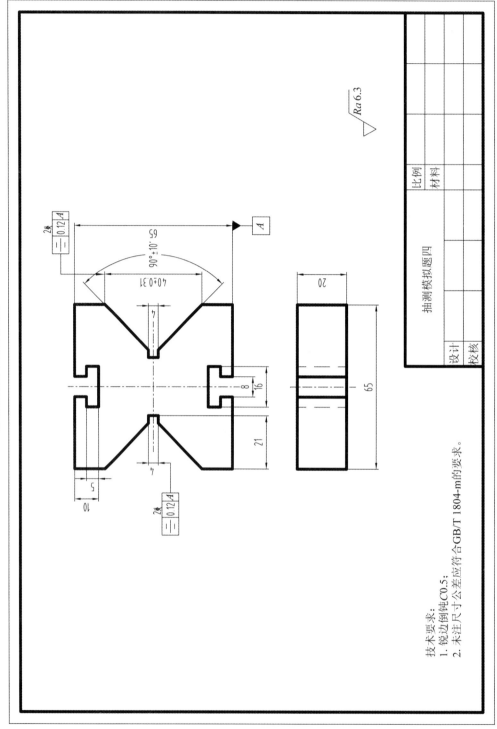

技术要求：
1. 锐边倒钝C0.5；
2. 未注尺寸公差应符合GB/T 1804-m的要求。

铣工技能抽测模拟题四评分表

序号	鉴定项目及标准			配分/分	评分标准	检验结果	得分/分	备注
1	尺寸及精度	外形尺寸	65	3	超差不得分			
			65	3	超差不得分			
			20	3	超差不得分			
		T形槽尺寸	16(两处)	8	超差不得分			
			8(两处)	8	超差不得分			
			10(两处)	8	超差不得分			
			5(两处)	8	超差不得分			
		V形槽尺寸	$90\pm10'$(两处)	12	超差不得分			
			40 ± 0.31(两处)	8	超差不得分			
			21(两处)	6	超差不得分			
			4(两处)	6	超差不得分			
		其他	对基准 A 对称度 0.12(两处)	8	超差不得分			
			表面粗糙度	9	超差一处扣 1 分，扣完为止			
2	设备、工、量、刃具的正确使用和维护保养	执行操作规程		1				
		正确使用工、量、刃具		1				
		正确选择铣削用量		2				
		正确维护保养机床		2				
3	安全文明生产	安全生产		2				
		文明生产		2				
4	时间扣分	每超时 3 分钟扣 1 分						
	合计			100				
	备注	每处尺寸超差≥0.5 mm，酌情扣考件总分 5~10 分						

铣工技能抽测模拟题五

准备清单

材料

序号	材料名称	规格	数量	备注
1	45 号钢	$60 \times 50 \times 40$	1 块/人	

设备

序号	名称	规格	数量	备注
1	立式升降台铣床	X5032	1 台/人	
2	平口钳扳手	相应平口钳规格	1 副/铣床	
3	铣刀柄	相应规格	1 套/铣床	

工、量、刃具清单(自备铜棒、垫块等)

序号	名称	规格	数量	备注
1	普通游标卡尺	$0 \sim 150$ mm(0.02)	1 把	
2	外径千分尺	$0 \sim 25$ mm、$25 \sim 50$ mm、$50 \sim 75$ mm(0.01)	各 1 把	
3	内径千分尺	$0 \sim 25$ mm、$25 \sim 50$ mm(0.01)	各 1 把	
4	万能角度尺	$0 \sim 320°(2')$	1 把	
5	深度游标卡尺	$0 \sim 150$ mm(0.02)	1 把	
6	面铣刀	$\phi 50$	自定	
7	立铣刀	$\phi 3$、$\phi 6$、$\phi 8$、$\phi 10$、$\phi 12$	自定	
8	燕尾槽刀	LWD60°—20	自定	
9	科学计算器			

铣工技能抽测模拟题五

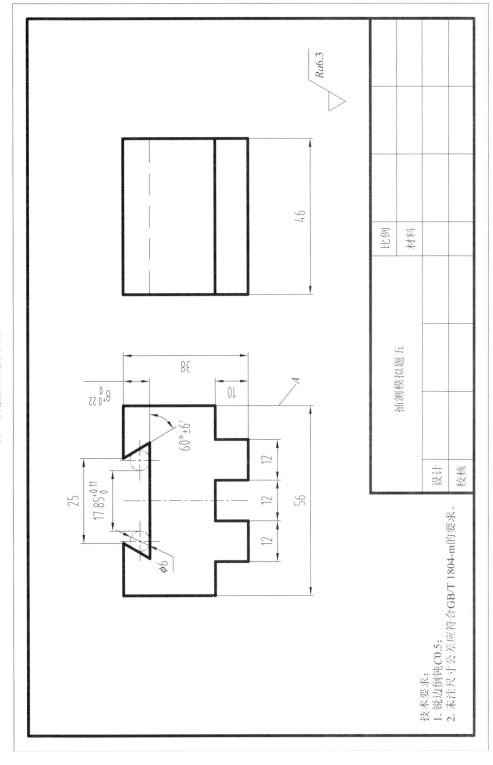

技术要求：
1. 锐边倒钝C0.5；
2. 未注尺寸公差应符合GB/T 1804-m的要求。

			比例		
			材料		
		抽测模拟题五			
设计					
校核					

Ra6.3

铣工技能抽测模拟题五评分表

序号	鉴定项目及标准			配分/分	评分标准	检验结果	得分/分	备注
1	尺寸及精度	外形尺寸	56	8	超差不得分			
			46	8	超差不得分			
			38	8	超差不得分			
		燕尾槽尺寸	$17.85^{+0.11}_{0}$	15	超差不得分			
			$8^{+0.22}_{0}$	15	超差不得分			
			$60°\pm6'$	12	超差不得分			
		凹凸槽尺寸	12(三处)	9	超差不得分			
			10	3	超差不得分			
		其他	表面粗糙度	12	超差一处扣1分，扣完为止			
2	设备、工、量、刃具的正确使用和维护保养	执行操作规程		1				
		正确使用工、量、刃具		1				
		正确选择铣削用量		2				
		正确维护保养机床		2				
3	安全文明生产	安全生产		2				
		文明生产		2				
4	时间扣分	每超时3分钟扣1分						
	合计			100				
	备注		每处尺寸超差≥0.5 mm，酌情扣考件总分5～10分					

附录 3　铣工中级技能考核模拟题

铣工中级技能考核模拟题一

准备清单

材料

序号	材料名称	规格	数量	备注
1	45 号钢	65×55×50	1 块/人	

设备

序号	名称	规格	数量	备注
1	立式升降台铣床	X5032	1 台/人	
2	平口钳扳手	相应平口钳规格	1 副/铣床	
3	铣刀柄	相应规格	1 套/铣床	

工、量、刃具清单(自备铜棒、垫块等)

序号	名称	规格	数量	备注
1	普通游标卡尺	0～150 mm(0.02)	1 把	
2	外径千分尺	0～25 mm、25～50 mm、50～75 mm(0.01)	各 1 把	
3	内径千分尺	0～25 mm、25～50 mm(0.01)	各 1 把	
4	万能角度尺	0～320°(2′)	1 把	
5	深度游标卡尺	0～150 mm(0.02)	1 把	
6	面铣刀	ϕ50	自定	
7	立铣刀	ϕ3、ϕ6、ϕ8、ϕ10、ϕ12	自定	
8	科学计算器			

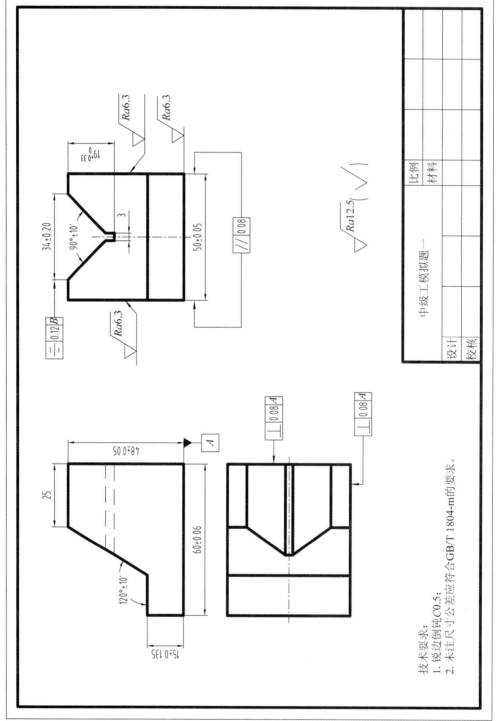

铣工中级技能考核模拟题一

技术要求：
1. 锐边倒钝C0.5；
2. 未注尺寸公差应符合GB/T 1804-m的要求。

中级工模拟题一

比例
材料

设计
校核

铣工中级技能考核模拟题一评分表

序号	鉴定项目及标准			配分/分	评分标准	检验结果	得分/分	备注
1	尺寸及精度	外形尺寸	60 ± 0.06	8	超差不得分			
			50 ± 0.05	8	超差不得分			
			48 ± 0.05	8	超差不得分			
		V型槽尺寸	$90°\pm10'$	8	超差不得分			
			34 ± 0.2	3	超差不得分			
			$19^{+0.33}_{0}$	3	超差不得分			
			3	3	超差不得分			
		斜面尺寸	$120°\pm10'$	8	超差不得分			
			15 ± 0.135	6	超差不得分			
			25	3	超差不得分			
		其他	对基准 A 的垂直度 0.08(两处)	8	超差不得分			
			平行度 0.08	8	超差不得分			
			对基准 B 的对称度 0.12	8	超差不得分			
			表面粗糙度	8	超差一处扣1分,扣完为止			
2	设备、工、量、刃具的正确使用和维护保养	执行操作规程		1				
		正确使用工、量、刃具		1				
		正确选择铣削用量		2				
		正确维护保养机床		2				
3	安全文明生产	安全生产		2				
		文明生产		2				
4	时间扣分	每超时 3 分钟扣 1 分						
	合计			100				
	备注	每处尺寸超差≥0.5 mm,酌情扣考件总分 5~10 分						

铣工中级技能考核模拟题二

准备清单

材料

序号	材料名称	规格	数量	备注
1	45 号钢	$\phi32\times30$(光料)	1 块/人	

设备

序号	名称	规格	数量	备注
1	立式升降台铣床	X5032	1 台/人	
2	万能分度头	FW125	1 台/人	
3	平口钳扳手	相应平口钳规格	1 副/铣床	
4	铣刀柄	相应规格	1 套/铣床	

工、量、刃具清单(自备铜棒、垫块等)

序号	名称	规格	数量	备注
1	普通游标卡尺	0～150 mm(0.02)	1 把	
2	外径千分尺	0～25 mm、25～50 mm、50～75 mm(0.01)	各 1 把	
3	内径千分尺	0～25 mm、25～50 mm(0.01)	各 1 把	
4	万能角度尺	0～320°(2′)	1 把	
5	深度游标卡尺	0～150 mm(0.02)	1 把	
6	面铣刀	$\phi50$	自定	
7	立铣刀	$\phi3$、$\phi6$、$\phi8$、$\phi10$、$\phi12$	自定	
8	麻花钻、中心钻	中心钻 $\phi3$,麻花钻 $\phi6$、$\phi14$	自定	
9	倒角刀	20.5×90°	1 支	
10	丝锥	M16	1 副	
11	科学计算器		1 个	

铣工中级技能考核模拟题二

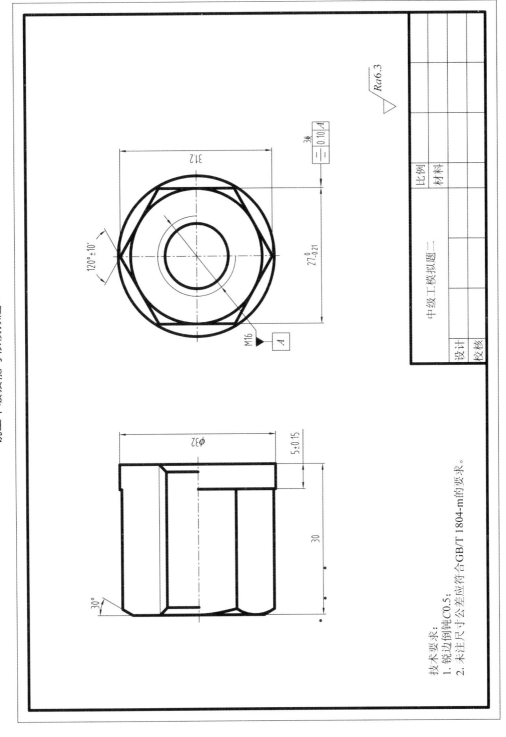

$\sqrt{Ra6.3}$

技术要求：
1. 锐边倒钝C0.5；
2. 未注尺寸公差应符合GB/T 1804-m的要求。

中级工模拟题二		比例	
		材料	
设计			
校核			

铣工中级技能考核模拟题二评分表

序号	鉴定项目及标准			配分	评分标准	检验结果	得分	备注
1	尺寸及精度	主要尺寸	120°±10′(六处)	24	超差不得分			
			$27_{-0.21}^{0}$(三处)	24	超差不得分			
			5±0.15	6	超差不得分			
			M16	8	超差不得分			
		其他	对基准 A 的对称度 0.10(两处)	16	超差不得分			
			表面粗糙度	12	超差一处扣1分,扣完为止			
2	设备、工、量、刃具的正确使用和维护保养	执行操作规程		1				
		正确使用工、量、刃具		1				
		正确选择铣削用量		2				
		正确维护保养机床		2				
3	安全文明生产	安全生产		2				
		文明生产		2				
4	时间扣分	每超时 3 分钟扣 1 分						
合计				100				
备注		每处尺寸超差≥0.5 mm,酌情扣考件总分 5～10 分						

铣工中级技能考核模拟题三

准备清单

材料

序号	材料名称	规格	数量	备注
1	45 号钢	$\phi36\times80$(光料)	1 块/人	

设备

序号	名称	规格	数量	备注
1	立式升降台铣床	X5032	1 台/人	
2	万能分度头	FW125	1 台/人	
3	平口钳扳手	相应平口钳规格	1 副/铣床	
4	铣刀柄	相应规格	1 套/铣床	

工、量、刃具清单(自备铜棒、垫块等)

序号	名称	规格	数量	备注
1	普通游标卡尺	0～150 mm(0.02)	1 把	
2	外径千分尺	0～25 mm、25～50 mm、50～75 mm(0.01)	各 1 把	
3	内径千分尺	0～25 mm、25～50 mm(0.01)	各 1 把	
4	万能角度尺	0～320°(2′)	1 把	
5	深度游标卡尺	0～150 mm(0.02)	1 把	
6	面铣刀	$\phi50$	自定	
7	立铣刀	$\phi3$、$\phi6$、$\phi8$、$\phi10$、$\phi12$	自定	
8	雕刻刀	$\phi6$	自定	
9	科学计算器			

铣工中级技能考核模拟题三

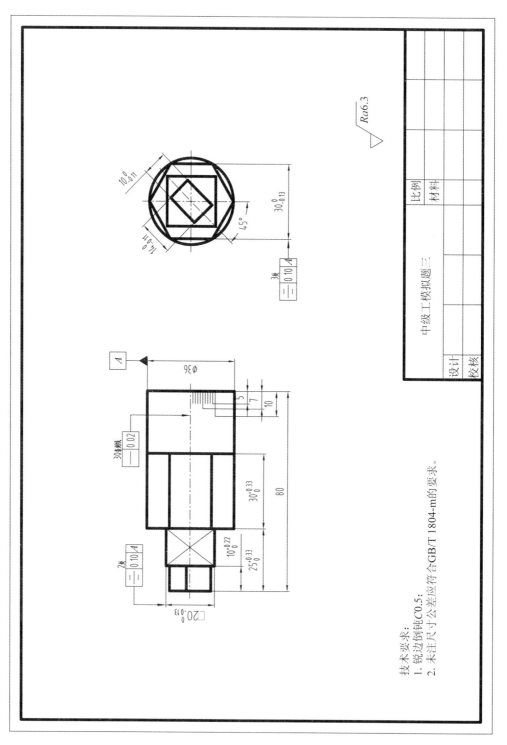

技术要求:
1. 锐边倒钝C0.5;
2. 未注尺寸公差应符合GB/T 1804-m的要求。

铣工中级技能考核模拟题三评分表

序号	鉴定项目及标准			配分	评分标准	检验结果	得分	备注
1	尺寸及精度	主要尺寸	$14_{-0.11}^{0}$	5	超差不得分			
			$10_{-0.11}^{0}$	5	超差不得分			
			$10_{0}^{+0.22}$	3	超差不得分			
			$20_{-0.13}^{0}$（两处）	10	超差不得分			
			$25_{0}^{+0.33}$	3	超差不得分			
			$30_{0}^{+0.33}$	3	超差不得分			
			$30_{-0.13}^{0}$（三处）	12	超差不得分			
			$45°$	3	超差不得分			
		刻线尺寸	10	4	超差不得分			
			7	4	超差不得分			
			5	4	超差不得分			
			刻线等距	10	超差不得分			
		其他	刻线直线度 0.02	6	超差不得分			
			四方对基准 A 的对称度 0.10（2处）	4	超差不得分			
			六方对基准 A 的对称度 0.10（三处）	6	超差不得分			
			表面粗糙度	8	超差一处扣1分，扣完为止			
2	设备、工、量、刃具的正确使用和维护保养		执行操作规程	1				
			正确使用工、量、刃具	1				
			正确选择铣削用量	2				
			正确维护保养机床	2				
3	安全文明生产		安全生产	2				
			文明生产	2				
4	时间扣分		每超时 3 分钟扣 1 分					
	合计			100				
	备注		每处尺寸超差≥0.5 mm，酌情扣考件总分 5～10 分					

铣工中级技能考核模拟题四

准备清单

材料

序号	材料名称	规格	数量	备注
1	45 号钢	$\phi130\times20$	1 块/人	

设备

序号	名称	规格	数量	备注
1	铣床	X5032 或 X6132	1 台/人	
2	万能分度头	FW125	1 台/人	
3	平口钳扳手	相应平口钳规格	1 副/铣床	
4	铣刀柄	相应规格	1 套/铣床	

工、量、刃具清单(自备铜棒、垫块等)

序号	名称	规格	数量	备注
1	普通游标卡尺	0~150 mm(0.02)	1 把	
2	外径千分尺	0~25 mm、25~50 mm、50~75 mm(0.01)	各 1 把	
3	内径千分尺	0~25 mm、25~50 mm(0.01)	各 1 把	
4	万能角度尺	0~320°(2′)	1 把	
5	深度游标卡尺	0~150 mm(0.02)	1 把	
6	面铣刀	$\phi50$	自定	
7	模数铣刀	m2.5	自定	
8	科学计算器			

铣工中级技能考核模拟题四

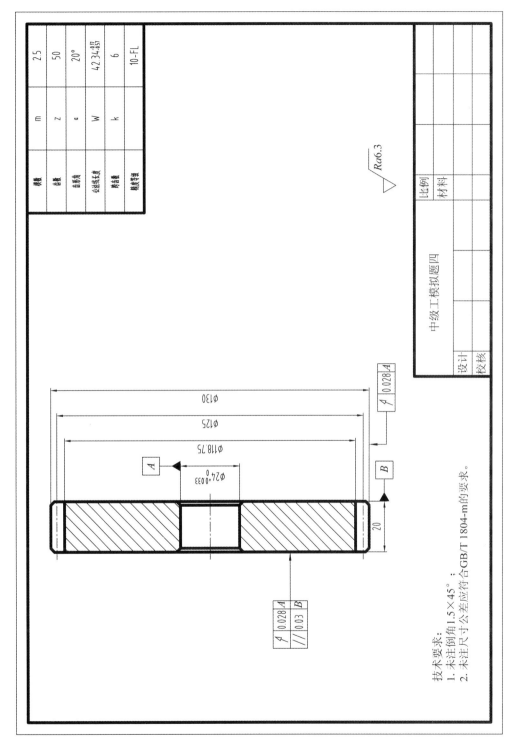

模数	m	2.5
齿数	z	50
齿形角	α	20°
公法线长度	W	$42.34^{-0.11}_{-0.57}$
跨齿数	k	6
精度等级		10-FL

$\sqrt{Ra6.3}$

$\phi130$
$\phi125$
$\phi118.75$
$\phi24^{+0.033}_{0}$
20

| ⟂ | 0.028 | A |

| ⟂ | 0.028 | A |
| // | 0.03 | B |

A

B

技术要求:
1. 未注倒角1.5×45°;
2. 未注尺寸公差应符合GB/T 1804-m的要求。

		中级工模拟题四		
			比例	
			材料	
设计				
校核				

铣工中级技能考核模拟题四评分表

序号	鉴定项目及标准			配分	评分标准	检验结果	得分	备注
1	尺寸及精度	主要尺寸	齿数 Z＝50	5	超差不得分			
			齿圈径向跳动公差 0.10	20	超差不得分			
			铣刀号数	5	超差不得分			
			公法线长度 $42.35_{-0.57}^{-0.17}$	30	超差不得分			
			公法线长度变动公差 0.13	20	超差不得分			
		其他	表面粗糙度	10	超差一处扣1分，扣完为止			
2	设备、工、量、刃具的正确使用和维护保养	执行操作规程		1				
		正确使用工、量、刃具		1				
		正确选择铣削用量		2				
		正确维护保养机床		2				
3	安全文明生产	安全生产		2				
		文明生产		2				
4	时间扣分	每超时 3 分钟扣 1 分						
	合计			100				
备注	每处尺寸超差≥0.5 mm，酌情扣考件总分 5～10 分							

铣工中级技能考核模拟题五

准备清单

材料

序号	材料名称	规格	数量	备注
1	45 号钢	$50 \times 50 \times 200$	1 块/人	

设备

序号	名称	规格	数量	备注
1	铣床	X5032 或 X6132	1 台/人	
2	平口钳扳手	相应平口钳规格	1 副/铣床	
3	铣刀柄	相应规格	1 套/铣床	

工、量、刃具清单(自备铜棒、垫块等)

序号	名称	规格	数量	备注
1	普通游标卡尺	$0 \sim 150$ mm(0.02)	1 把	
2	外径千分尺	$0 \sim 25$ mm、$25 \sim 50$ mm、$50 \sim 75$ mm(0.01)	各 1 把	
3	内径千分尺	$0 \sim 25$ mm、$25 \sim 50$ mm(0.01)	各 1 把	
4	万能角度尺	$0 \sim 320°(2')$	1 把	
5	深度游标卡尺	$0 \sim 150$ mm(0.02)	1 把	
6	面铣刀	$\phi 50$	自定	
7	齿条铣刀	m2.5	自定	
8	科学计算器			

铣工中级技能考核模拟题五

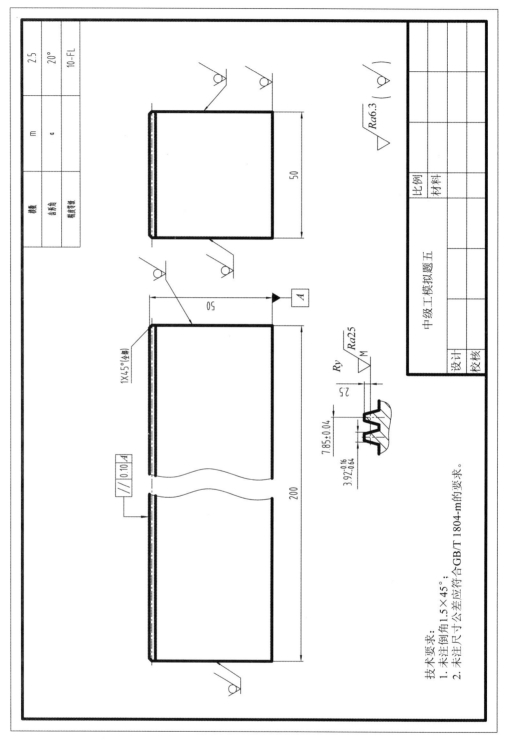

模数	m	2.5
齿形角	α	20°
精度等级		10-FL

1×45°(全齿)

// 0.10 A

50

50

200

A

$\sqrt{Ra6.3}$ ($\sqrt{}$)

Rv $\sqrt{Ra25}$

M

25

7.85±0.04

3.92$^{-0.16}_{-0.64}$

比例
材料

中级工模拟题五

设计
校核

技术要求：
1. 未注倒角1.5×45°；
2. 未注尺寸公差应符合GB/T 1804-m的要求。

铣工中级技能考核模拟题五评分表

序号	鉴定项目及标准			配分	评分标准	检验结果	得分	备注
1	尺寸及精度	主要尺寸	齿厚 $3.92^{-0.16}_{-0.64}$	30	超差不得分			
			齿厚变动量 0.16	20	超差不得分			
			周节极限偏差 7.85 ± 0.04	30	超差不得分			
		其他	表面粗糙度	10	超差一处扣1分，扣完为止			
2	设备、工、量、刃具的正确使用和维护保养	执行操作规程		1				
		正确使用工、量、刃具		1				
		正确选择铣削用量		2				
		正确维护保养机床		2				
3	安全文明生产	安全生产		2				
		文明生产		2				
4	时间扣分	每超时 3 分钟扣 1 分						
	合计			100				
备注	每处尺寸超差≥0.5 mm，酌情扣考件总分 5～10 分							

主要参考文献

[1]人力资源和社会保障部教材办公室. 铣工技术手册[M]. 北京：中国劳动社会保障出版社，2015.

[2]徐鸿本，姜全新，曹甜东. 铣削工艺手册[M]. 北京：机械工业出版社，2012.

[3]刘克城. 切削加工工艺与技能训练[M]. 北京：机械工业出版社，2006.

[4]薛国祥，陈伟. 铣工技能问答[M]. 长沙：湖南科学技术出版社，2014.

[5]人力资源和社会保障部教材办公室. 零件普通铣床加工（一）[M]. 北京：中国劳动社会保障出版社，2013.

[6]人力资源和社会保障部教材办公室. 零件普通铣床加工（二）[M]. 北京：中国劳动社会保障出版社，2013.

[7]人力资源和社会保障部教材办公室. 零件普通铣床加工（三）[M]. 北京：中国劳动社会保障出版社，2013.

[8]人力资源和社会保障部教材办公室. 组合件加工与装配（车工/数控加工）[M]. 北京：中国劳动社会保障出版社，2014.